農村集落再生のみちすじ　第２弾

集落営農の担い手確保と第三者継承

坪田　清孝　著

全国農業委員会ネットワーク機構
一般社団法人　全国農業会議所

はじめに

平成19年度から始まった品目横断的経営安定対策によって推進された集落営農組織が、15年を過ぎた今、大きな課題を抱えつつあります。その背景には、幾つかの要因が考えられますが、特に重要なのは、中心となる担い手の不足とメンバー全体の高齢化です。

ほかには、コロナ禍における消費動向の落ち込みによる米価の下落や、さらには、ウクライナ情勢に伴う原油価格・肥料等資材の高騰により、儲からない農業に魅力を感じなくなってきたことも要因の一つと考えています。

担い手や高齢者の問題では、当時、組織立ち上げに貢献したメンバーは、集落内で働き盛りの55歳前後。それから、15年が経って中心メンバーが70歳以上になった今、担い手になるはずの息子達も儲からない農業に関心がなく、さらに会社を退職後に集落営農の構成員となることを約束していた後継者予備軍も定年制の延長などで戻ってこなくて、立ち上げたメンバーが仕方なく今なお頑張っているのが現状ではないでしょうか。

平成20年発行の「農村集落再生のみちすじ（以下、「前著」という）」では、「生命産業」や「母なる産業」としての農業の必要性を、また、農業を営むための「農村の秩序」と農村の在り方を示してきました。その取り組みは間違いでありませんでしたが、時代とともに限界を感じ始めてきた今日の農業・農村、そして今後をどう展望をしていったらいいのでしょうか。

本書では、高齢化する農村社会と限界集落の現状を踏まえ、既に集落営農によって集積・集約された農地と、整備された農業施設や農業機械を活用し、経営を託す後継者の育成と、その農業経営のノウハウやあるべき方向性（儲かる農業です）を、私の地元の組織の取り組みを紹介しながら語っていきたいと考えています。

ちなみに、私は昨年まで、集落営農組合のグリーンファーム角屋《すみや》（農事組合法人から株式会社に変更した会社）の代表取締役をしておりました。今年から、我が社の従業員（集落以外から我が社に来た担い手です）に代表を託しました（第三者継承です）。現在は、会長職として集落営農組織の持続的な発展のために尽力しています。

皆さんの集落に、少しでも参考になれば幸いです。

坪田　清孝

目次

第1章　農村集落の意義と秩序の再確認

1　農村集落の意義

ここでは、平成20年刊行の「農村集落再生のみちすじ（以下、「前著」という）」で述べた農村集落の意義について定義を含め、改めておさらいしたいと思います。

まず、農村集落の定義は、農村を営む農家が集う共同住居空間とし、農村部にある集合住宅や住宅団地は、農村集落とは言いません。

集落の中で、どのように農業の営みを残し農村集落として維持していくかが課題であったと思います。

また、農業を他所の組織に託し、集落に住む農家の全てが土地持ち非農家のみになった集落を農村集落と言えるかということですが、当然、その集落区域で農業が営まれる以上、そこにある用排水路や農道などの農業施設の維持は、土地持ち非農家であれ果たす義務があり、共同でそれらを維持する集落として、その集落は「農村集落」と言えると考えます。

特に、農村集落では、農業を継続していくための機能維持が必要になってきます。

農業を他人（担い手）に託したとしても、一農家だけでは農業の経営はやっていけません。当然、農業を営むのに必要な用排水路や農道などの施設維持は、土地持ち非農家も協力して一緒に行っていく必要があります。

そのような農業施設などの機能維持のためには、さらに「農村秩序の機能」が重要になります。

農村秩序の機能は、二つの心の要素から成り立っています。一つ目は「助け合う心」、そして二つ目は「我慢する心」です。

この二つの要素を掛け合わせた形をここでは「農村の秩序」としています（前著では、この部分をもっとも強調してきました）。

２　農村集落の秩序

農村集落の秩序は稲づくりに始まりました。皆で田んぼに水を引き、田んぼを耕し、そして田植えや収穫など、農機具のない時代に人が助け合うことで集落が形成されてきました（当時は部落と言われていました）。その部落こそが農村集落の始まりです。

昔は、上流と下流の集落間で、水による争いが絶えなかった時代があります（昭和の中頃まで続いていました。中には死人も出ています）。そのために、人は集まり部落を形成しました。これが「助け合う心」です。また、部落内に引き込まれた水は、みな平等に分け合っていかなければなりません。これが「我慢する心」です。これらは、部落内の秩序がないと始まらないことです。

この様に、部落内の秩序の始まりは、農業を営むための水利慣行の中から生まれてきたものではないかと思っています。仲間が助け合って部落を形成し、皆で耕作に必要な用水を分け合って利用する営みこそ「農村集落の秩序」です。当然、耕作においても、集落の長《おさ》を中心に皆で協力して部落を守っていたのだと思います（集落コミュニティの始まりです）。

3 「農村秩序」崩壊の危機

農業離れと農村の衰退（農村の守り手の不足）

↑（農家から労働力が商工業へ流失）

農村集落秩序の再生（集落営農の推進）

～農村古来の良き風習として培われてきた、

共同作業や協調性に代表される農村集落の秩序維持が目的～

「農村の秩序」＝「助け合う心」と「我慢する心」

農村秩序が崩壊すると行政面でも問題が出てきます。

① 農業施設（用排水路、農道）の管理を行政に委ねてくる

② 農業の衰退、遊休農地の拡大、環境の悪化（産廃の放棄など）

③ 農業行政のみならず行政全般の理解や協力の低下（協調性の薄れ）

④ 文化（郷土料理、郷土特有の野菜、郷土行事等）が引き継がれなくなる

平成17年、当時私が所属していた、あわら市の農林水産課

担い手育成（集落営農）の取り組み

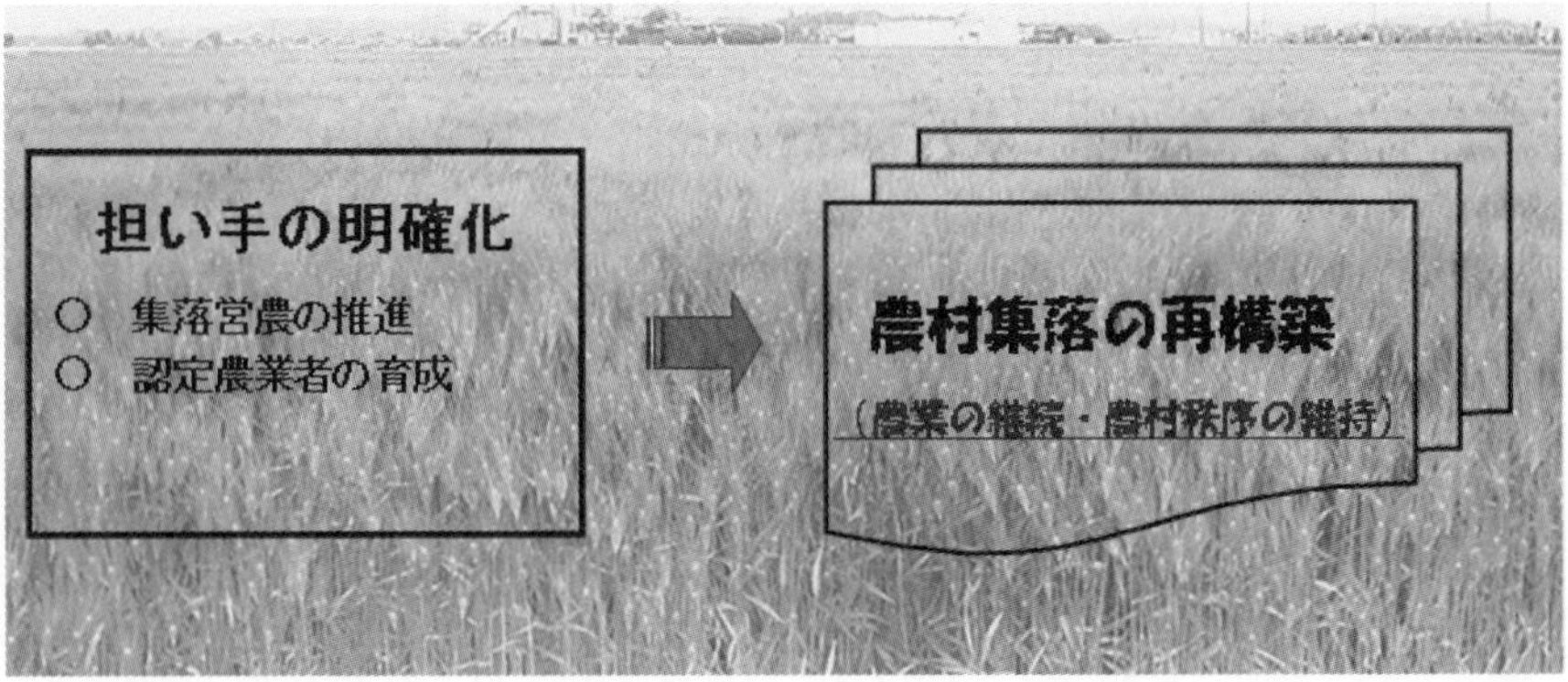

では、今の「人・農地プラン」に類似した対策を既に始めていました。平成17年6月にJAや県を含めた「あわら市水田農業推進協議会」を設立し、当時19年度から始まる「品目横断的経営安定対策」に対応するために、集落代表者に周知して「経営所得安定対策」および「担い手の育成」など集落の合意形成に向けた説明会を延べ130回開催しました。この取り組みは、地域水田農業ビジョン大賞を受賞しました。

4　集落営農と農村集落

この様に、農村の秩序を守るために平成の時代から始まった「集落営農」の推進は、集落の農地の維持と集落コミュニティの再結束ではなかったのではないでしょうか。

ここで述べる、「集落営農」の定義は集落の農業を守る組織の全てに当てはまります。一集落一農場型（ぐるみ）だけが集落営農

表彰状

優秀賞
農林水産省総合食料局長賞

あわら市水田農業推進協議会殿

貴協議会の取組は全国農業協同組合中央会主催の第三回地域水田農業ビジョン大賞において優良と認められました
よってここにその功績をたたえ表彰します

平成十九年八月二日

農林水産省
総合食料局長　岡島正明

ではありません。中核農家が規模を拡大して集落の農地を守る（中核農家規模拡大型）会社も集落営農組織です。

また、機械の共同利用型の組織も「集落営農組織」に定義されます。

しかし、これらの集落営農組織も他の産業同様、後継者問題で存続が危ぶまれています。今後も、農業を継続し農村集落を維持するには、組織再編のための新たな考えや取り組みが必要です。

今ここで、組織が崩壊すると農村集落を維持する機能が失われ、二度と集落機能を回復することができないでしょう。

早期に、集落維持のための考え方をまとめ整理していく必要があります。

まずは、農地を含めた地域農業をいかに守るかです。そのためには、地域農業を支える担い手（以後の担い手は経営者を指します）をいかに確保するかです。担い手の確保のポイントは、その担い手が、農業で生活し食べていけるかどうかです（儲かる農業へのシフトです）。その後は、担い手を中心とした集落全体での地域コミュニティを構築することです（農業施設等、維持管理上必要な項目です）。

5　農業継続の可能性——農地の維持

農業の継続を考えるにあたって、まずは、組織を維持していくための収益性です。次に、組織運営のための人材の確保です。

これまで、集落営農で培ったノウハウや農業施設の整備、農地の集積・集約などは組織運営上、特に必要な事ですが、更に、今日的には、収益性と人材の確保がより重要になってきています。

集落営農組織を立ち上げた時を思い出してください。当時は、自分たちの集落の農地・農業をいかに守っていくかであって、農地の集約化と圃場の大型化、大型機械の導入と施設の一元化などの作業効率とコスト削減に取り組むなど、役員を含む皆さんの士気も高揚していたものと想像されます。

しかし、時代の流れと共に、自分たちの足元を見てみれば、後継者であるはずの息子達は他の産業で頑張っているし（私の息子も県外で就職しています）、定年になって後を継ぐはずの後継者予備軍も定年制の延長で今は戻れず（予備軍も一緒に年を取ってきています）。仕方なく高齢の体に鞭打ち頑張っているのが現状だろうと思われます。

よく考えてみてください、農地の集約、農業機械や農業施設が整っている今、不足しているのは担い手です。担い手を確保することだけで農業は継続され、農地は維持されるのです（ここが最も重要なところです）。

さて、担い手の確保ですが、組織によっては担い手（後継者）と労働力の確保を一緒に考えている場合があります。

6　担い手の確保——第三者への継承もあり

私は、労働力はアルバイト等を活用すれば、ある程度は対処可能な範囲だと考えています。しかし、水田農業の大半は機械作業が多くなっていますが、全体の農作業と経営を管理する経営者としての担い手の確保は意外と難しいものがあります。その辺を含めながら話を進めて行きたいと思います。

優れた担い手は、そうたくさんいるものではありません、また、優れた担い手を見極めるためには、多くの時間が必要になります。そこが、単なる労働力の確保とは違うところです。

ちなみに、当社においても、担い手を雇用してから経営を託すには6年の歳月を要しました。さらに、担い手を探すのにも2年の月日を要しています。

なかなか難しいものですが、最終地点を考え早く取り組むことをお勧めします。

農業に従事したい若者は全国的にはたくさんいますが、その多くは、国の進める農業次世代人材投資資金（就農準備資金、経営開始資金など）を活用した就農を検討しています（農業始めるための自己資金がないからです。生活費すら無い若者もいます）。

特に、新規で始める農業で、水田農業は機械化による初期投資が膨大で、大半の若者は露地野菜をはじめとした畑作園芸に進みます。しかし、考えてみると、農地が集約され農業機械や施設が既に整備されている集落営農組織への就農は自己資金もいらないはずですし、担い手のいない組織にとっては渡りに船のはずです。そこにスポットを当てて話を進めて行きたいと思います。

さて、担い手の確保を急がれる組織におかれては、担い手の募集には色々なやり方がありますが、近くで人材を探すことから始めるのをおすすめします。

まずは、ハローワークでの募集や高校や大学への正規の求人、その他イベント等の活用です。都道府県農業会議の新規就農相談センターや新・農業人フェア等の活用が挙げられます。

思ったより、身内の中（縁故採用）に人材が隠れているかもしれません。少しずつ範囲を広げながら焦らず探してください。また、農業が好きな人や近隣の農業組織などで独立就農した人が狙い目ですし、独身より結婚して落ち着きたい人や、夫婦で農業をしたい家族も狙い目です（安定した生活を望み持続性が高いと思います）。

担い手が今後、組織で働くには、まだまだ確認する事があります。相性や忍耐力の見極めです（担い手は、将来において組織を託していく人です。安易には決めないでください）。


一つは、担い手が組織で農業を続けていけるかの見極めです。そのためには、面接だけでなく、インターンシップ研修（体験型研修です）として2週間程度一緒に作業や生活を共にし、お互いの相性や適性を見極める事です。長く付き合っていける相手か、組織の中で農業に定着できるか等、上から目線でなく客観的で冷静な目で見てください。当然、研修者も集落営農組織の役員や営農の状況を見ています。

二つ目は、年間を通じた農作業の経験です。農業の業務（作業）は年間を通じて様々です。春夏秋冬、それぞれの作業を、年間を通じて経験しないと、こんなはずでなかったと後で問題が起こります。社員として雇用する前の研修雇用期間が1年以上は欲しいものです（北陸の冬は厳しいものです）。

三つ目は、経営能力の見極めです。それは、組織を託す相手の将来の夢の確認です。夢を語れない担い手に、将来はありません。当然、その事は経営者側にも言えることで、経営者も担い手に託す夢や意気込みなどを共有する必要があります。

7 担い手の雇用と第三者継承のための法人化〈継承法人〉

そうそう、大事な事を忘れていました。組織の法人化です。

既に法人化している組織には当たり前の事なので、この項目は飛ばして先に進んでもらって結構です。まだ法人化していない組織には、ぜひ読んでいただきたいと思います。

平成19年の品目横断的経営安定対策によって組織化された任意の集落営農組織（特定農業団体）は、5年後の法人化が義務付けられていましたが、私は任意で立ち上げた特定農業団体が、5年後に法人化するのは無理があると申し上げていました。

なぜなら、任意であれ組織を立ち上げる努力と、そのパワーは並大抵のものではないからです。その後5年経って、法人化する力など残っていないからです（そして、何の支障も無いからです）。

おそらく、運営上の会計処理は、労務費は従事分量配当であっても、資産の取得を含め法人化された組織と同じ方法で処理されているからだと思われます（見なし法人です）。それなら出来るだけ早く法人化すべきですね。

今後、第三者継承や経営者育成のため新たに常時雇用を考えている組織があるなら、雇用保険等を含めた事務手続きをスムーズに進める上でも、法人化が前提となります。

よく言われる事に、「法人化すると経営が赤字でも税金（均等割り分）を支払わなければいけないし、会計処理や申告事務などが複雑でそれらの事務をしてくれる者がいなくて」と躊躇している組織があるように聞いています。しかし、今後の組織運営に法人化は避けて通れません。

その理由の一つが、インボイス制度（令和５年10月から）の導入です。任意の組織で、従事分量配当で支払っている農業者一人ひとりが、消費税納入事業者になる訳もいかず。

また、組織としてもＪＡ特例に頼らず自らも販売事業を展開し儲かる農業を目指すならなおさらの事です（今後は、法人化を早急におこない、インボイスの登録をすることを進めます）。

第三者継承は組織（法人）のトップをすげ変えることで継承されます。組織の財産は、法人のままです。（その事は、農事組合法人であっても会社法人であっても同じ事です。）

今まで、農業サイドで進めていた第三者継承が、上手く行かなかった理由の多くは財産権の譲渡です（これは、商工業分野でも同じ課題を抱えています）。第三者に農業施設や農業機械など、農業経営のノウハウと共に資産を渡さなければならないとの危惧です。このことは、特に個人経営体による場合が多く、個人であっても法人化（継承法人として）することで解消する事案です。

8 「農地を守る」から「儲かる農業」へのシフト

担い手（将来の経営者）の常時雇用は、そんなに簡単な話ではありません。

今まで、集落の構成員だけで作業をしてきた組織が新たに担い手を雇用するには、三つの創出が求められ、それらには、組織内の同意が必要になります（社員を優遇するようにとられ、そこから妬みが生まれるかもしれません）。

一つは、社員を常時雇用するための給与の創設です。当然、担い手が生活するだけの報酬の確保が必要です。当然ですが、妻帯者ならその家族を含めて考えなければなりません。

まずは、現状の売上を踏まえた上で、組合員への地代の支払いや労務賃金の見直しが必要になります。

二つ目は、年間を通じて社員として常時雇用するため、冬場など閑散期の作業と年間を通じた売上の創出です。作業が年間を通じて発生することで、組合員の出役負担も増えてきます。

三つ目は、収益性の向上を見込んだ新たな農業の創出です。社員のモチベーション維持には、毎年のベースアップも考えなければなりません。そのためには、毎年、収益を上げていく新たな取り組みが必要になってきます。新たな取り組みこそ、モチベーション維持には欠かせないことです。

９　地域コミュニティの確保と農業への期待

さて、農業を継続するために一番必要なことは、先にも述べた集落秩序の維持であることは間違いないことです。また、言い換えれば、農業を営むことで発生的に発展してきた地域コミュニティこそ農村の秩序（地域の冠婚葬祭を含めた取り組み）そのものであって、今後の高齢化した農村社会にとっては、最も重要なアイテム（必要とされるもの）の一つです。

近年、我が福井県では、組織の高齢化による労働力や担い手不足で、集落営農が立ち行かなくなったいくつもの組織を合併して、広域的なハイパー集落営農組織の再編も視野に入れているようですが、集落が抱える地域コミュニティを無視した取り組みとならないように注意する必要があると考えています。

農業で培われてきた農村集落の秩序こそが、今後の高齢化した農村集落（皆で助け合い生きていく地域コミュニティ）にとって不可欠なものとなります。その区域の単位は、小さな集落毎であって決して広域的な範囲で構築できるものではないのです（本音が言えない間柄、広域的建前論ではコミュニティは生まれてきません）。

集落組織の担い手は地域の担い手でもあり、今後は担い手を中心に農業を通じて地域コミュニティを形成していく事が求められてきます。このことが、農村に担い手（若者）を呼び込む本当の目的です。

ただし、自分達の息子すら戻って来ない集落に、若者を呼び込むことは並大抵の努力では成り立ちません。集落の年寄達と若者の交流はお互いが尊敬しあい寄り添う事から始まります（リスペクトですね）。

お互いに寄り添うことでこそ、そこにコミュニケーションが生まれ地域コミュニティが形成されていくものだと考えています。

当然、農業が繋げた縁であり、農業だからこそ成しえる事なのです。

第2章　いかに地域を守るか
――株式会社グリーンファーム角屋の取り組み

1　株式会社グリーンファーム角屋の概要

取り組みを語る上で、当社の概要を簡単に述べておきます。当社は、米どころ福井県の最北端、あわら市にあり、コシヒカリ発祥の坂井平野の北西に位置しています。

集落の概要

地域区分：平地農業地帯
集落戸数：22戸
農家戸数：18戸
農地面積：水田　20・2ha
　　　　　畑　0・7ha

法人設立は、平成11年10月8日、出資金899万円で当初は15戸の農家（第二種兼業農家）が参加した農事組合法人で、経営面積は17・1ha（水田）、水稲＋麦＋大豆の2年3作体系の作付けで開始されました。

平成11年における一集落一農場型（ぐるみ）の農業生産法人は、あわら市第一号で、これを機に、多くの集落営農組織が農事組合法人として設立されることになります。また、この流れは、認定農業者で中核農家規模拡大型の農家における法人化（会社化）の契機にもなりました。

ここで、現在の当社の経営の内容を少し紹介します。

経営面積は、その後、残っていた２戸の農家も参画し集落全ての農地20・２haを請負うこととなったものの、当地区では昨年から河川改修事業の買収（次頁地図のうち、色の塗られていない圃場）によって経営が始まった当初の面積（約17・３ha）までに減少、それを補うために水田園芸（業務用のたまねぎ、だいこんなど）の新たな取り組みを始めているところです。

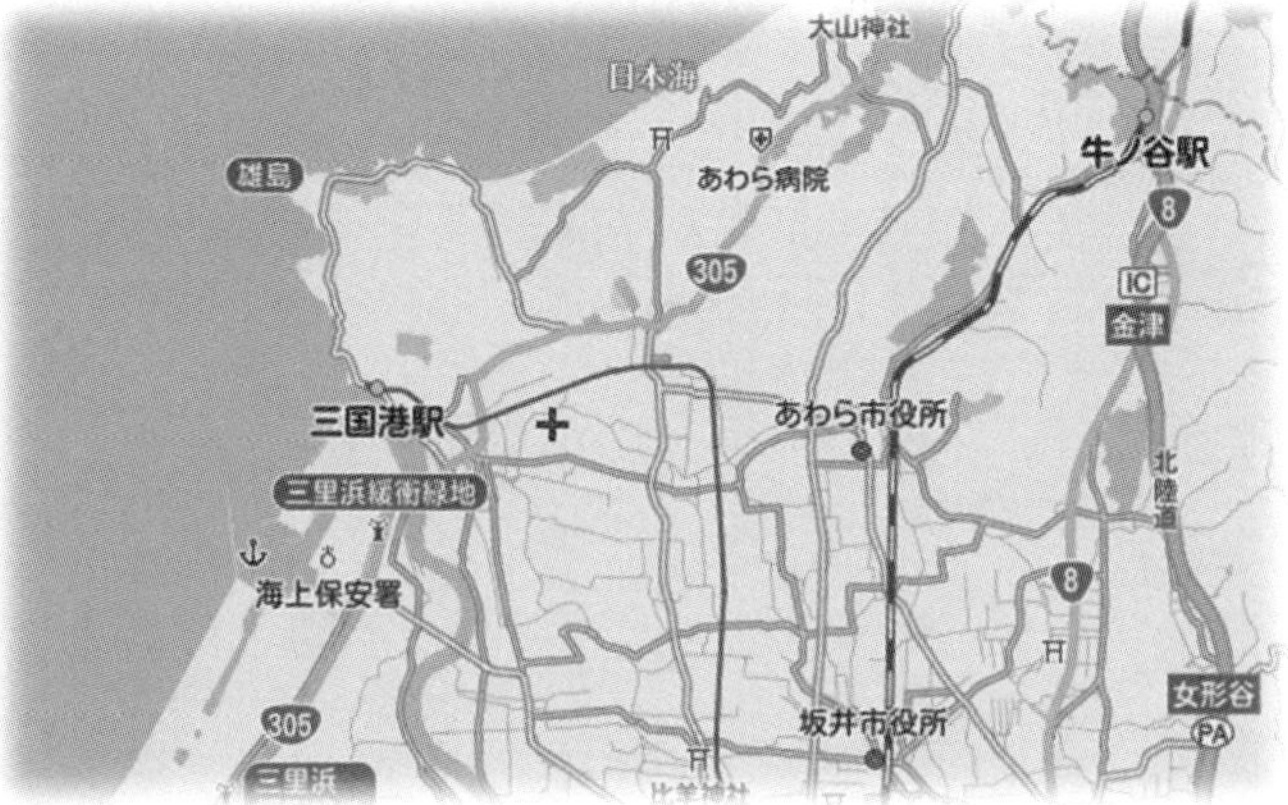

㈱グリーンファーム角屋　Ｒ５年の作付

水稲＋麦＋大豆の２年３作体系によるブロックローテーション方式で団地化

作物　910a

ハナエチゼン　287a
コシヒカリ　487a
あきさかり　117a
タンチョウモチ　19a

転作作物　738a

大麦・大豆　397a
業務用たまねぎ　275a
業務用だいこん　33a
れんこん（昨年から）　33a

2　組織の課題とGF角屋構想〈第三者継承〉

　さて、我々の組織も平成11年の設立から、はや20年もの歳月が経ってしまいました。その間、病気や高齢で亡くなる方もおり、残された構成員も高齢化で例年通りの作業出役がままならなくなってきたのが現状です。また、我が組織では持ち込まれた圃場の管理（畦畔の草や水の管理）は、それぞれの地権者に託されており、今では、その管理もままならないものとなってきています。

　また、私たち役員の間でも、高齢化と労働力の不足から組織そのものの（経営を含めた）維持が危ぶまれてきました。以前から、組織運営に不安を抱えていた私たちは、組織そのものを売却することも視野に入れ企業と交渉に臨んだ事もありましたが、集落そのものの維持を考えたとき、何らかの形でも組織を残す取り組みを検討すべきと考え、平成28年８月の役員会で再度、今後の在り方を検討することとなりました（それがGF角屋の構想です。ＧＦはグリーンファームの略で、ガールフレンドではありません）。

検討の中では、

① **組合員や地域の若者の意向等を調査・確認したうえで、地区外にも新たな担い手を求め組織を維持することも視野に入れる**（既にこの時点で、水田農業を志願する若者の心当たりがあったように思います）。

② 仮に、誰であれ担い手に継承する組織は、財産の継承（貸与）を含め皆で守る組織から事業の成長・発展に応じて拡大が図れるよう会社法人にする。

③　新しい会社は、『住民と共に地域を創造する会社へ』を基本理念に、「農地・水」（多面的機能支払交付金）の事業を活用し地域住民と共に歩んで行くことを前提とする。この様に、三つの方向性を定め、我が集落と組織の在り方を示すＧＦ角屋構想作成に取り掛かりました。

ＧＦ角屋の構想

①　新たな担い手（以後、担い手という）を確保し、将来は担い手にＧＦ角屋を託していきます。
②　平成28年に役員の改選を行ったことから、平成30年までは現体制で進めていきます。
③　その間は、現役員体制の中で担い手を常時従事者として年間雇用し、農作業と農地管理を中心に従事していただこうと考えています。
④　農地管理（草、水）の管理米（反、半俵配布）は廃止し、地代（農地の借上げ地代）の見直しを行います。
⑤　３年後に、ＧＦ角屋を農事組合法人から株式会社に移行します。〈経営の一元化〉
　（皆さんの出資金は、皆さんが株主として、出資株数で新会社に引き継がれます。）

⑥　株式会社に移行と同時に、社長職を担い手に託します。就任の際には、担い手にもＧＦ角屋への出資を義務づけます。〈代表権の継承〉
⑦　以降は、新たな社長のもと地区住民とタイアップした会社づくりを進めて行きます（会社の基本理念は、『住民と共に地域を創造する会社へ』です）。

以上が、ＧＦ角屋の構想全文です。

この中で、⑥の株式会社移行と同時の社長就任は、もう一期後となりますが、おおむね、組合員にはこの構想に同意していただきました（社長移行が一期延びた件は、移行するまでに、施設の整備や周辺の根回しなど、無理なく移行したかったからです）。

と言うことで、一期目の代表取締役は、私がやる事となりましたが、今後の運営方針等もあり、やむを得ないことかなと思っております。その後、二期目は無事、担い手に代表権を譲ることができました（私は会長職に退きました）。

担い手については、知人を介し、当地で農業をやりたい若者が紹介され、本格的にＧＦ角屋構想に基づいた第三者継承（よそ者に託すことに）に進んで行くのですが、その前にまずは組合員の意向と同意、そして継承を進めるための手法など、まだまだ検討すべきことが多く、全国農業会議所にも足を運び農業経営継承事業（第三者継承）の打診をおこなうなど、担い手の雇用をはじめ、関連機関との調整を含め忙しい日々が続きました。

3　GF角屋構想の提示と組合員へのアンケート

まずは、GF角屋構想とアンケート結果について紹介しましょう。

出来上がったGF角屋構想を毎月行われる全体会に提示し、併せて組合員へのアンケート調査も行いました。アンケート結果は次のとおりです。

組合員アンケートＱ１（農地管理の是非）

あなたの家では、今後、自分の農地の畦畔、水の管理ができますか？

１）　今しばらくは、管理できる。

２）　当面は管理できるが、出来たら組合に託したい。

３）　管理する人がいないので、組合に託したい。

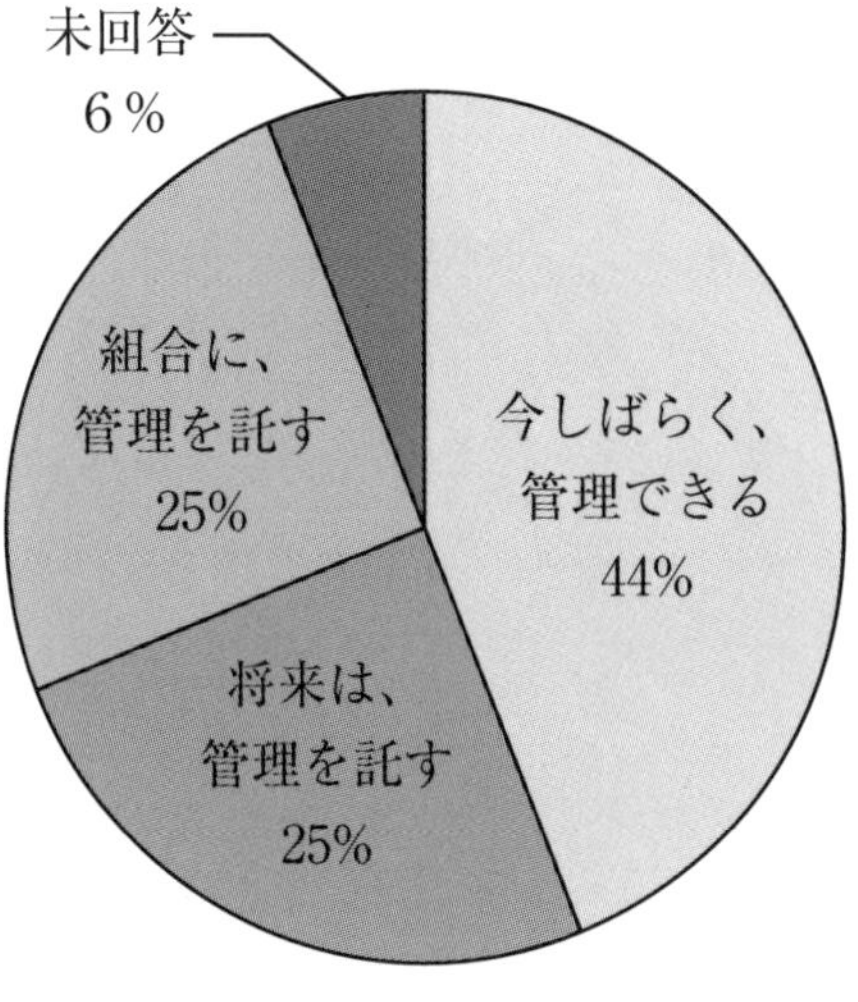

【考察】

①　将来を含めて、管理を託すが 50% で未回答を含め半数を超えている。

②　しばらく管理できるとしても、Ｑ３では、あと２～３年である。

③　畦畔・水管理を組合で管理するにしても、管理の一元化と組合員の出役による対応などを含めルール化する必要がある。

組合員アンケートＱ２（作業出役の是非）

あなたの家では、割り当てられた農作業（たとえば、平日休んで）に従事することができますか？

1） 今しばらくは、従事できる。

2） 当面は従事できるが、出来たら組合に託したい。

3） 従事する人がいないので、組合に託したい。

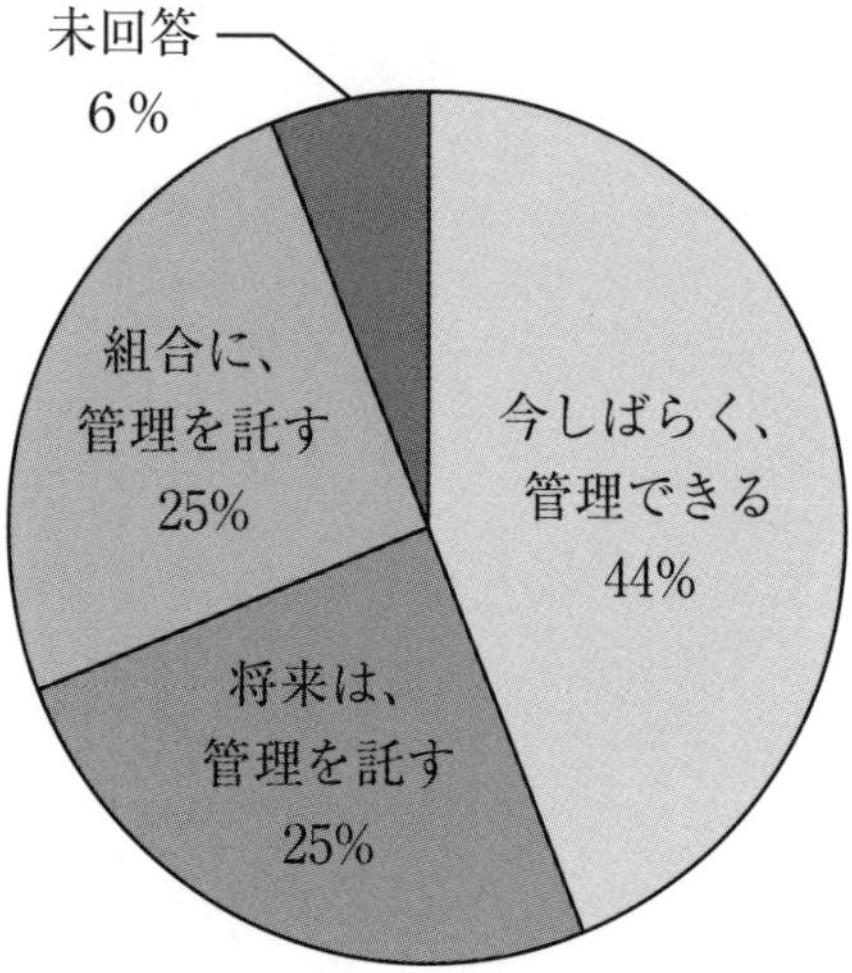

【考察】

① 作業従事となると、畦畔・水の管理よりさらに託したい数字が未回答を含め63%に跳ね上がる。

② 高齢化、担い手の不足が、現実の大きな課題として読み取れ、作業従事や出役も出来ない現状で、組合にすべてを任せて行きたいことを、ひしひしと感じさせられる。

③ 以上の事は、Ｑ３の後継者が居ない現状からもうかがえる。

組合員アンケートQ3（後継者は、あと何年？）

Q1、Q2で、①、②と答えられた方にお伺いします。

1）あなたの家では、GF 角屋の作業に従事してくれる後継者がいますか？

2）今しばらく、又は、当面と答えた方は、後何年可能ですか？（　　年）

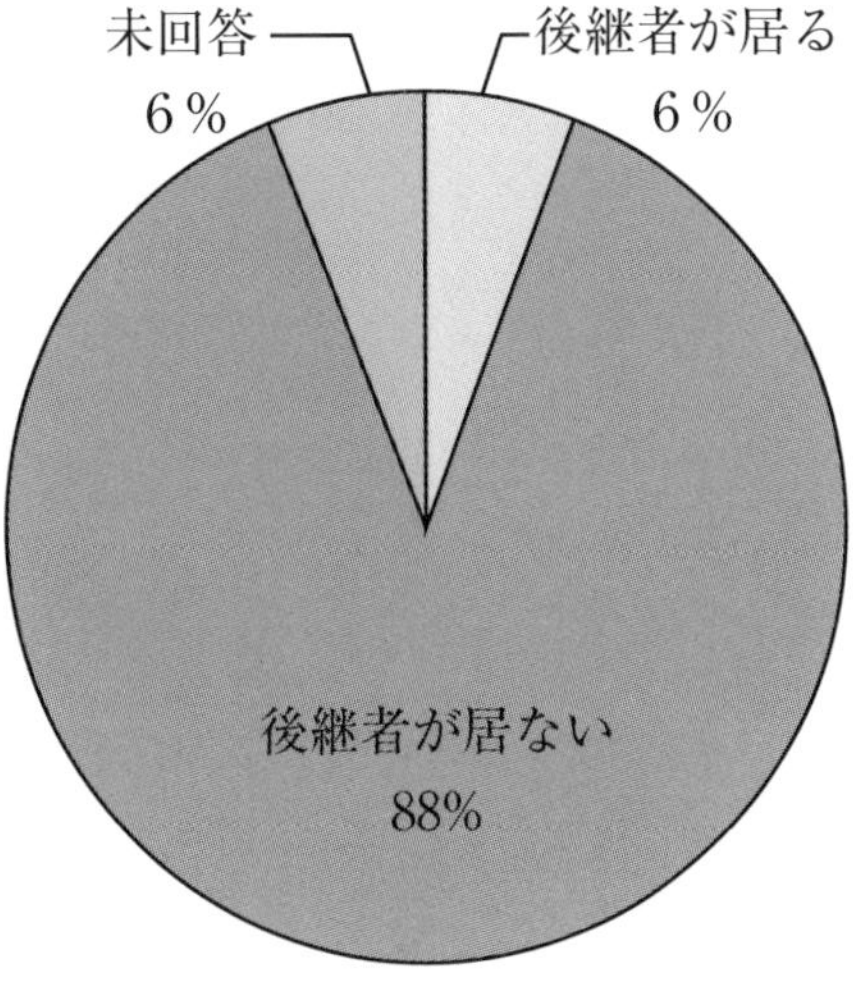

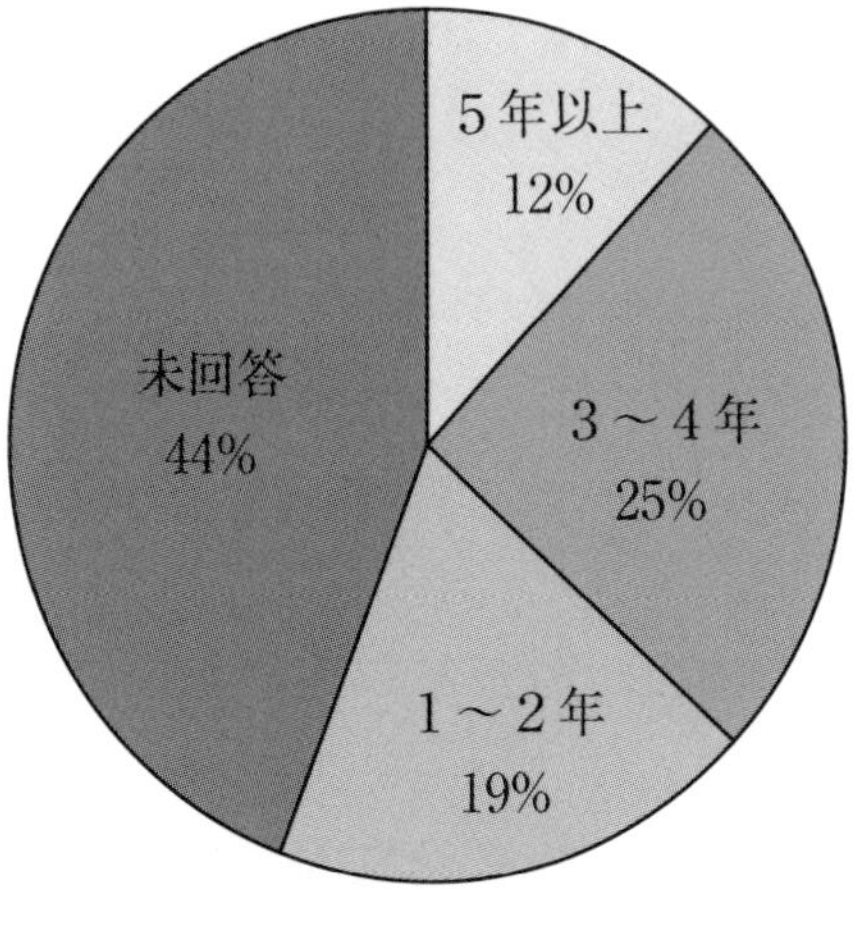

組合員アンケートQ4（担い手継承後の出役）

担い手一人では出来ない作業もあります。その際には、GF 角屋の作業（畦畔の草刈含む）に従事することが可能ですか？

1） 担い手に協力して、作業に従事できる。

2） 体力（高齢）や仕事の関係で、なかなか作業には参加できない。

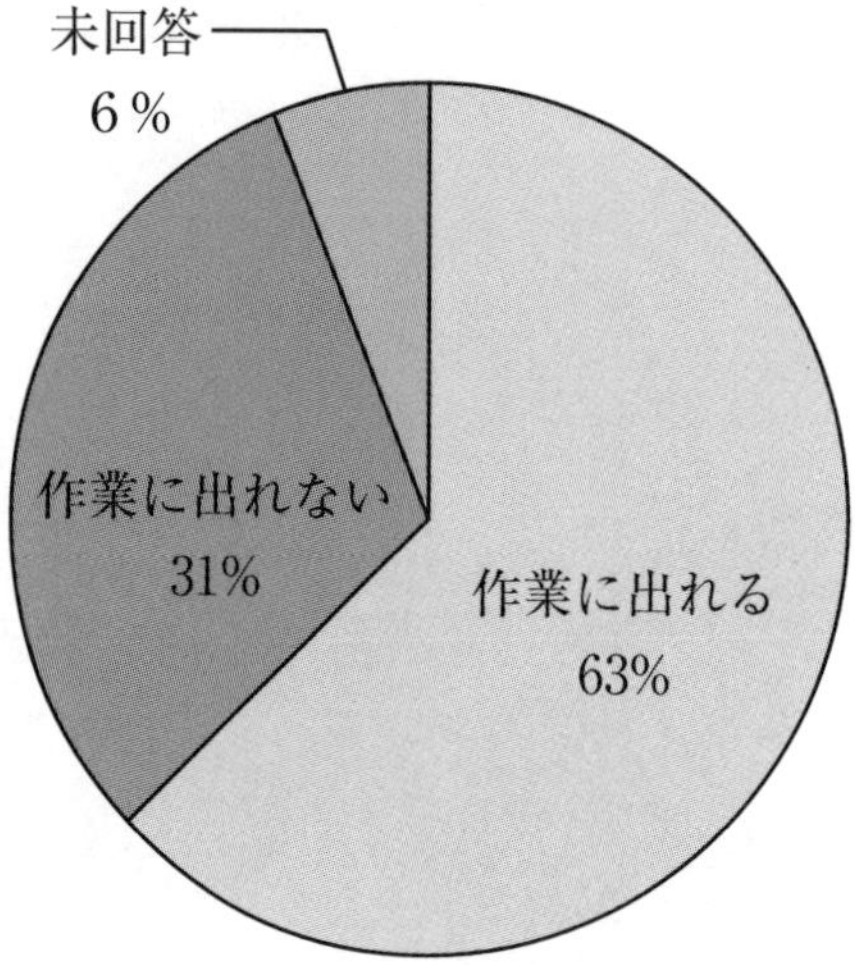

【考察】

① 責任を持った管理は出来ないが、作業協力となると63%の者が協力的である。

② 作業の手伝いだけでなく、担い手と多く接することで地域コミュニティが維持されることから積極的な参加を求めていきたい。

なお、今後2年間は現状のとおり、農事組合法人を維持することから、従来どおりの作業（ハウス、苗の搬入、田植え等）には出役をお願いすることとなる。

組合員アンケートQ５（GF構想への合意）

以上の回答を踏まえたうえで、ＧＦ角屋の構想に合意できますか？

１）　合意できる。

２）　合意できない。（別の方法がある場合は、意見欄のご記入下さい。）

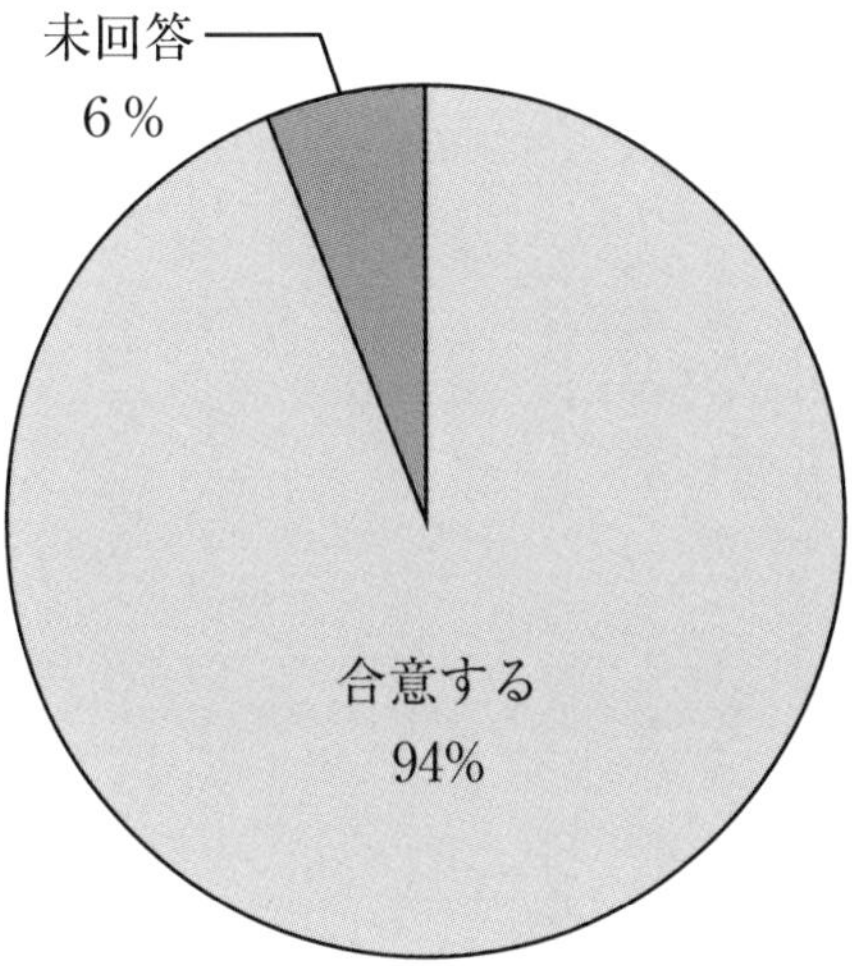

【考察】

①　未回答者を含め、全ての者に構想に賛成して頂いたと理解する。

②　アンケートの結果からGF角屋の構想に対する期待が大きくうかがわれるが、構想実現の為には新たな担い手の確保が重要で、組合員一人ひとりの全面的な協力が必要である。

アンケート結果から、現時点で、もはやどうにもいかなくて、出来るだけ担い手にお願いしていかなければならない状況を飲み込めていただけたのではないかと思います（アンケート結果の未回答は、現在、施設に入居中で回答が得られなかった一人です）。

これらの結果は、もう少し前（3～4年位前）にアンケートを取っていると、違ったものになっていたかもしれません（役員を含め、まだヤッテいけるということに）。「よく集落がまとまりましたね」と聞かれることが多いですが、この時はいつも「限界まで待ってアンケートを取ったからです」と答えています。

4　担い手への継承フロー

さて、担い手（第三者）に移行するとなると、継承すべき担い手の見極めですね。いくら信頼できる知人からの紹介といえども、担い手との相性・適性、そして集落に馴染む事が可能か、農業の経験と知識など、色々と考慮しなければなりません。

ここで、全国農業会議所・全国新規就農相談センターが行っていた「農業経営継承事業」にも、少し触れてみたいと思います。この事業は、後継者がおらず規模縮小やリタイアする農業者の資産や技術、経営ノウハウを引き継いで事業を継承する担い手を育成・支援する事業で地域の行政・農業委員会や普及所、JAなどが研修を踏まえて支援していく事業ですが、なかなか難しい様です（その一つが資産や財産の取り扱い、二つ目は、行政の関与等があげられます）。

行政の関与は、決して悪いものではないのですが、建前論が優先され地域の本音が伝わらな

担い手への継承フロー

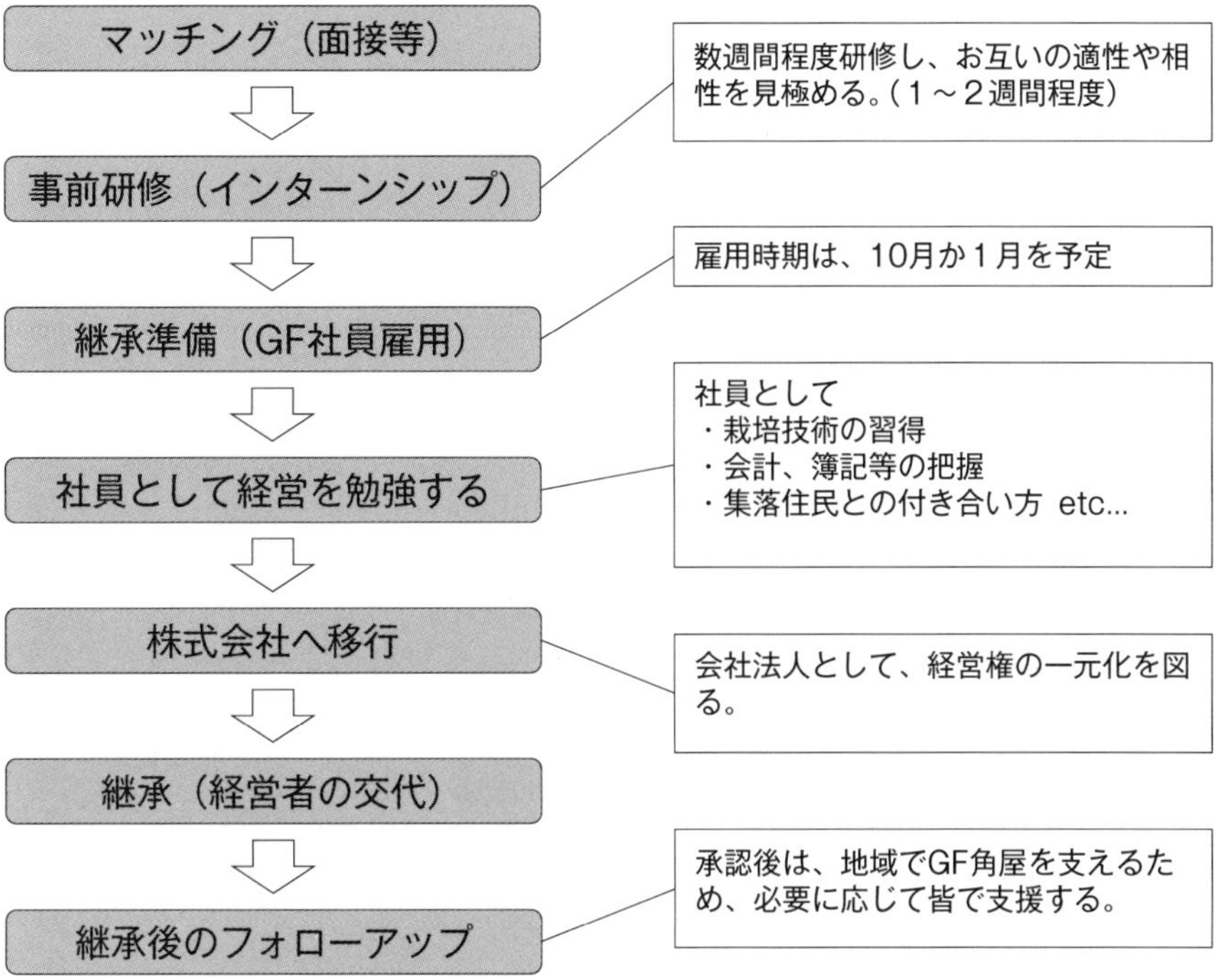
マッチング（面接等）
事前研修（インターンシップ）
継承準備（GF社員雇用）
社員として経営を勉強する
株式会社へ移行
継承（経営者の交代）
継承後のフォローアップ
数週間程度研修し、お互いの適性や相性を見極める。（１～２週間程度）
雇用時期は、10月か１月を予定
社員として
・栽培技術の習得
・会計、簿記等の把握
・集落住民との付き合い方 etc...
会社法人として、経営権の一元化を図る。
承認後は、地域でGF角屋を支えるため、必要に応じて皆で支援する。

い、人事異動等で長期的な寄り添いが望めないといった課題があります。

　上記は一般的な担い手への継承フローです。

・まずは、最初の面接等での第一印象が肝心です
・事前研修は、２週間程度で実施します
・継承準備の期間は、仮雇用とします
・社員雇用は、正規雇用に際して給与水準を明確にします
・株式会社というより、組織の法人化です（継承法人）
・経営者の交代は、一つのステップです
・継承後は、担い手（社長）へのフォローアップを行います

5　継承するための新たな三つの創出が必要――儲かる農業へのシフト

第一は、常時社員を雇う事になった組織において、担い手を雇用するため支払う賃金の創出です。地代や労務賃金等の見直しによって、担い手が生活できるだけの給与の確保が必要になってきます（一般的なモデル賃金などを参考に検討します）。

賃金の算定を、年齢や学歴、勤務年数、性別などで簡単に決めていませんか。大事なのは、担い手の経験や技術力だけでなく、家族構成等の生活形態にも配慮することです（当社では、担い手の奥さんも一緒に雇用することにしました）。

当時、担い手は子供3人の5人家族です。現在、長男と長女は高校生、次男は中学生です（金が掛かりますね）。

生活基盤が安定しないと、定着率が格段と低くなりますし、担い手のモチベーション、やる気を削ぐことにもなります。前職等の給与も考慮しお互い話し合いの上で見直し、無理のない範囲で決めていくべきです（奥さんの収入と併せ、検討していただくことにしました。奥さんは、「農の雇用（現在は雇用就農資金）」を活用する事にしました）。

第二は、常時雇用するための、冬場（農閑期）の仕事の創出です（年間を通じて安定した雇用体系を早急に確立する必要があります）。

水田農業では、冬場の仕事はほとんどありません、今までしてこなかった農閑期（北陸では秋冬の作業です）の仕事の創出は、当然、他の組合員にも負担が掛かってきます。秋冬に収穫する野菜等が無い訳ではないのですが、その栽培技術、ノウハウは持ち合わせていません（しかし、やるしかないのです）。

その様な状況で、私どもは、冬場の作業として加工・業務用のだいこんを作ることにしました。その理由の一つには、北陸特有の冬場の気象が関係します。北陸の冬場は、雪や雨が続く日が多く、段ボールで出荷する青果用野菜は非常に取り扱いが難しいからです。そこで、鉄コン（鉄のコンテナ）で出荷可能な加工・業務用の野菜に着目し、加工・業務用のだいこんを選択しました。

次に、収穫した農産物を使った6次化の取り組みです。収穫しただいこんを利用して、だいこんとニシンを併せた『熟れ寿し』や青大豆を利用した『青大豆味噌』の製造・販売も冬場の仕事として取り組むことにしました（この様な発酵食品は、うちの担い手の得意とする技術です。彼の発案による取り組みであり、自分の給与は、自分で稼いでもらっています）。

第三は収益性の向上を見込んだ新たな農業の創出です。

このことは、担い手のモチベーションを維持するために、もっとも重要です（社員のモチベーションは、毎年アップする給与です。）。

そのためには、毎年、収益を上げていく努力が必要です。経営計画として、米価が下落する時代に、真剣に新たな取り組みを考える必要があります。

このことこそが、厄介で、そう簡単に見つかるものでもないのです。販売も含めたあらゆる可能性を、担い手と一緒に考えていく必要があります（本当に、自分の給与は自分で稼ぐのです。これが、未来の夢に繋がるものです)。

当社では、まず、月毎の収益を考え、冬場のだいこんのほかに加工・業務用たまねぎの栽培を始めました(青切りで鉄コン出荷です)。

なぜ、ここでも加工・業務用の野菜かと言うと、おおむね、加工・業務用野菜は契約栽培で単価在りきの栽培が可能だからです。

単価が事前に分かることによって収益が計算できるからです(加工・業務用野菜の取り組みについては、後に詳しく話をしたいと思っています)。

また、6月中にたまねぎを出荷し、7、8月に振り込まれる販売金は、水稲や麦・大豆の肥料や資材の支払いに最も有効なタイミングなのです。

さらに、育苗ハウスを活用した、ミディトマトの栽培です。半促成や抑制栽培で春から秋にかけて栽培しています。このトマトはおいしいため、JAに出荷しなくても近隣でおおむね完売できます。

そして、極めつけは、れんこんの栽培です（品種は加賀れんこんと同じです）。冬場の作物として、だいこんより収益性の高いれんこんの栽培を、昨年から始めました。映画『種まく旅人～華蓮のかがやき～』の影響ではありませんが、隣の石川県から来た担い手夫婦の妻の言う事には、福井県のスーパーで買うれんこんは美味しくない、自分たちで作りたいとの事で栽培することになりました（れんこんは日持ちしないため、新しいに越したことは無いのです。昨年に収穫した分は、全て完売しました）。

幸いにして、当地域は、国営かんがい排水事業（九頭竜川下流農業水利事業）の受益地で、末端までパイプラインによって用水が配給され、さらに年間を通じて圧のある水が出ます（年中、用水があること自体が不思議でしょうが）。

このことは、れんこんの栽培に最適で、さらに、収穫時のホースに加圧した水を送るためのポンプが要らず、用水蛇口にホースを繋げるだけで収穫ができ、コストも掛からずベストな作物です。

紹介します。担い手の斎藤君です。

次に、加工品の製造・販売です。

当初、加工品は麹を活用した『だいこんの熟れ寿し』と『味噌』のみの販売でしたが、その後、地区の集落センターを借り（集落営農では集落の共有施設が簡単に利用できるところがメリットです）。さらに、県の補助事業「小さな農業チャレンジ応援事業」も活用して麹発酵機や包装資材等を整備し、新たな加工品の開発や、「道の駅」など直売所を利用した販売、拡大を図りました。現在は、それらの商品を市の「ふるさと納税の返礼品」にも利用してもらっています。

麹を使った商品は担い手（夫）、その他の加工食品は、担い手の妻が担っています。

ふるさと納税の返礼品
（丸餅・おでん詰め合わせ）

直売所に並ぶ商品
（味噌・たくわんだいこん）

6 新会社の組織図〈住民と共に地域を創造する会社へ〉

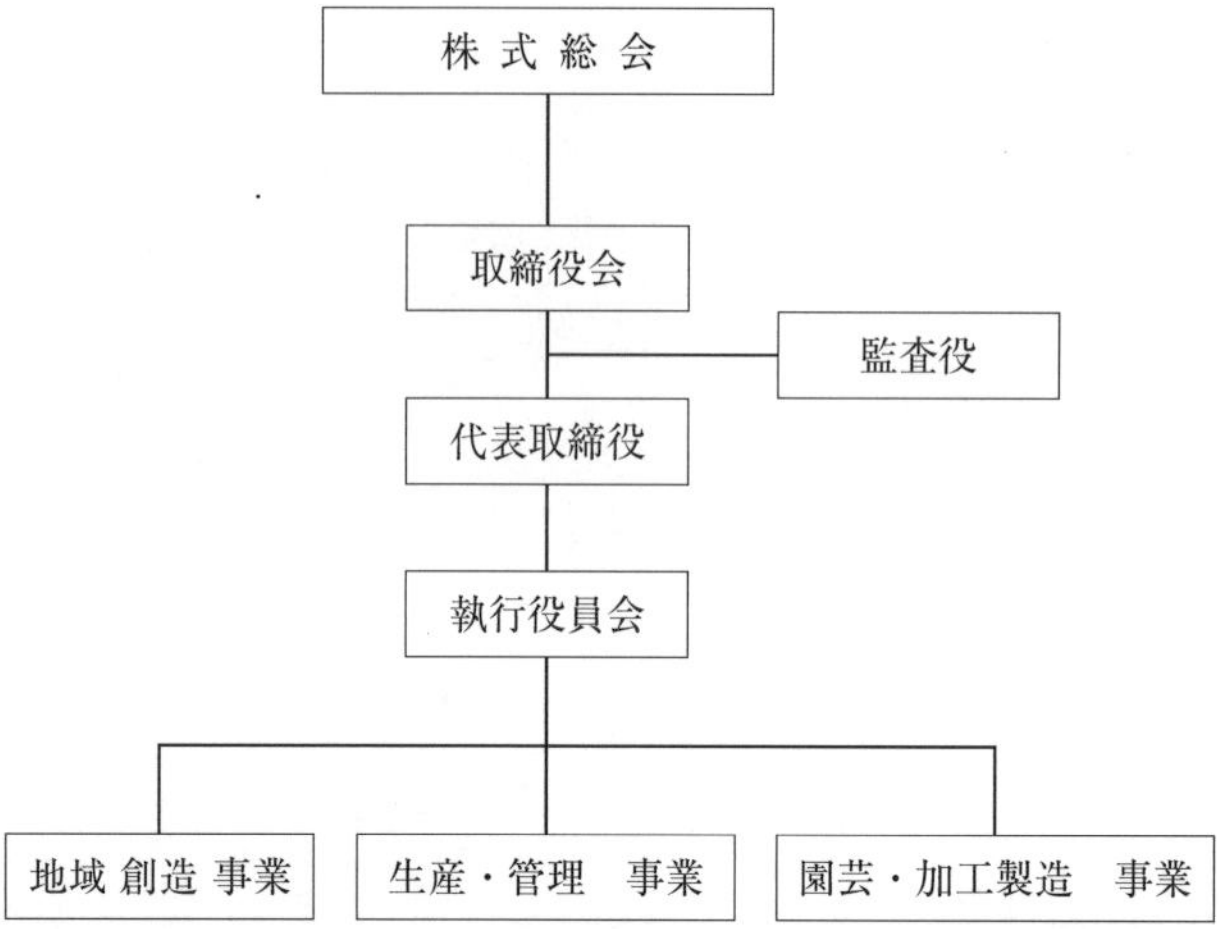

1）　役員は、代表取締役１名、取締役２名（使用人兼務役員）、監査役１名を置く。

2）　業務執行上、生産や管理及び販売等の担当執行役員３名を置く。

3）　次の事業を軸とした経営を推進する。

①　水田農業を中心とした生産・管理事業

②　施設園芸と自社農産物を原料とした園芸・加工製造事業

③　「農地・水」を活用した農地保全と地域コミュニティを創造する地域創造事業

注. 今年から、取締役会に会長職を置くことになりました。

7　活動に関する変化と現状

最初に集落営農組織（農事組合法人）を立ち上げた際の基本的理念は『集落の農地は集落が守る』でしたが、今回、組織変更により一変した新たな会社の基本理念は『住民と共に地域を創造する会社へ』としました。すでに限界集落化している集落を、農地の保全と村人の生きがいコミュニティを両立させながら維持していくためには、どうするべきかを検討する必要があります。

当然、担い手が当地にきて、土曜や日曜だけ行っていた農作業も、年間を通じて作業する若者の姿があるだけで地域が活性化されたと感ずるのは、私だけではないはずです（そこに、若者がいることでの『賑わい』です）。

また、先にも述べましたが、年間を通じた雇用体系とその給与の確保は、米・麦・大豆を主体とする水田農業から、たまねぎやだいこんなどの水田園芸を盛り込んだ農業に、さらには、育苗ハウスを活用したトマトの栽培へと変化し、現在では、れんこんの栽培に至るまで、新たな取り組みを呼び起こしてきました（農地を守るから、儲かる農業へのシフトです）。

さらに、常時雇用の社員の存在は、自社農産物を活用した『味噌』や『だいこんの熟れ寿し』を、はじめとする6次化の取り組みにつながっています（小回りの利く農業経営への変化であります）。

集落の現状は、担い手が来たことで、大きく変化しています。

まず、冬場のだいこんやれんこんの栽培においては、収穫されただいこんやれんこんの洗浄や調整作業のために高齢者の雇用が生まれたことです。

また、たまねぎの栽培では、機械収穫に先立ち圃場内で大きさを分ける（M以上とS以下）選別作業が必要で、昨年は、その作業に『おてつたび』を活用しました。全国公募により、4人の若者（20代）にも来てもらいました。その際の宿泊場所は、当区の集落センターを活用しています。この集落センターの維持も、将来は高齢化する村人（年金受給者）には大きな負担となることから、加工場としての活用や、この様な宿泊場所としての活用など、様々な場面で当社の経営と連動することで、施設の維持・管理を図っていこうと考えています。

また、一番重要なことは、集落組織の担い手である彼らが、集落の住民として集落に溶け込み、可愛がられていることです。村の人達は、担い手の栽培した野菜（トマト、だいこん、れ

んこん）を競って買ってくれます（我が子みたいな関係です）。

村人との触れ合いは、色々な活動にも影響がでています。今まで、集落営農の農作業に興味を示さなかった女性の皆さんも、加工品の開発・製造を手伝って一緒に頑張ってくれていますし、近隣へ営業を掛けるなど、販売にも大いに貢献してもらっています。

8　担い手の地域デビュー——地域への認知

担い手の齋藤夫妻が、集落に来てくれました。今後、私達がやることは彼ら（奥さんも含めた担い手）をグリーンファーム角屋の担い手として周辺の集落や農家に認知してもらうことです。

そこでまず、皆さんにも、彼らを紹介します。

上の写真は、グリーンファーム角屋に就農した齋藤夫妻（貴君と翔子さん）です。右の写真は、来た当時の娘さんです。今は高校生です。

彼との出会いは、彼が住んでいる石川県の知人から、「石川県に独立就農を考えている若者がいる」との情報を聞いたのがきっかけで、「石川県の農業法人に長年勤めていて、独立就農をしたくて新天地

を探しているらしい（出来たら稲作農業で）」とのことで、早急に彼と会い、平成28年の秋から2週間のインターンシップを行い、その翌年1月からは常時雇用（差し当たり単身赴任で）として働くことになりました。

インターンシップでの印象は、長年の農業経験から、組織の担い手としての自覚や夢を既に持ち合わせていること、さらに、夫婦で就農する予定など、こちらとしても、願ったり叶ったりでした。

あまりにも急な展開で、まずは集落の合意と、1月からの就農で住むところ（よそ者の大きな課題です）の確保です。集落の合意形成では、先に述べた組合員へのアンケートとGF角屋の構想づくりによって行いました。そして、単身赴任中の仮住まいですが、将来の事を考えグリーンファーム角屋の事務所を新設し（ユニットハウス）そこに仮眠できるようにベッド置くこととしました。家族が来るまでの間でしたが、生活するには大変だっただろうと思います。

その齋藤君には本年度（令和5年）の株主総会で、代表取締役に就任していただき、奥さんにも執行役員（園芸・加工担当）になっていただきました。
さて、認知度を高めるための取り組みですが、齋藤君（担い手）には、来て早々に、JAの壮青年部に入ってもらいました（色々な農家と接する事が目的です）。その他にも、県や市の行政にも彼らの存在を知らせることです（認定農業者会への代理出席や集落の農家組合長

も彼に託しています）。また、地元紙をはじめ、日本農業新聞や農業共済新聞等を活用し、彼らを紹介させてもらいました（よそ者に集落を託すということで）。

ふくい 集落営農 次代のカタチ

① あわら市角屋

「よそ者」に18㌶託す

園芸や加工販売で経営転換

技術と経験を生かして6次産業化に取り組む齋藤さん(右)と坪田社長＝あわら市角屋

「永続的に営農できる人材は集落内にいない。よその第三者に継承するしかない」

あわら市角屋の集落営農組織「グリーンファーム角屋」は2017年、石川県から齋藤貴さん(43)＝埼玉県出身＝を招き、地元の水田18㌶を託すことにした。

組織は1999年結成。兼業農家16戸の水田を担ってきたが、高齢化で農作業に出られる住民は徐々に減り、代表の坪田清孝さん(69)は新たな在り方を模索してきた。地権者が各自で行うことにしていた草刈りや水管理もできない世帯が増え、専従者を設けて担ってもらう必要性も感じていた。しかし、集落内に人材はおらず、集落外から探すことにした。

齋藤さんとは共通の知人を通じて出会った。石川県の農業法人に20年勤め、独立を視野に新天地を探していたところだった。齋藤さんにとっても角屋は好条件。面積は程よく、施設や機械もあってすぐに従事できる環境があった。16年秋から作業を手伝い、17年1月にあわら市へ移住した。

第三者への継承に住民の反対はなかった。ただ、自分の農地を「よそ者」に託すのに対して抵抗感が表れることも想定され、坪田さんは「機が熟さないと、住民の合意を得るのは難しい」と指摘する。「まだ自分たちで営農できるという意識があると、実際にできるかどうかは別にしても、反発が起こりうる。危機感の共有が必要で、ぎりぎりまで待ってから提案した」

そして「一番の課題はもうかる農業への転換」。もともとは集落の農地を守るためにできた組織だが、齋藤さんが妻子と生活できるだけの収入を確保する必要がある。そのため、園芸を組み合わせるなど模索し、タマネギやダイコンなどの栽培を始めた。齋藤さんの技術を生かし、みそや餅、漬物の加工も始め、直売所で販売するようになった。

組織は昨年4月に株式会社化し、坪田さんが社長に就いた。近い将来は齋藤さんが引き継ぐ予定で「農作業だけでなく加工などいろんな面で集落の人たちと一緒になってやっていく」と、地域とともに歩む会社であることを信条にする。

行政マンとして長く農政に関わった坪田さんは「後継者不足に悩まされる組織はもっと増えてくる。モデルを確立して、他の参考になるようにしたい」と意気込む。（岩崎大樹）

× × ×

県内の水田農業を支えてきた集落営農組織が高齢化、後継者不足に直面している。将来にわたって営農できる体制を模索、構築している組織を紹介する。

福井新聞　2020年４月22日

1999年に農事組合法人を立ち上げ、集落営農に取り組んできた、福井県あわら市のグリーンファーム角屋は、集落内での後継者確保が困難になってきたため、第三者承継に乗り出す。２年前から常時雇用している県外出身の担い手に、将来的に経営を移譲する。県内の小さな集落営農組織では、同様の悩みを抱えているところもあり、農業経営を生きた状態で引き継げる第三者承継への取り組みが注目されそうだ。

集落営農組織が第三者承継へ

県外から担い手確保

あわら市のグリーンファーム角屋　全戸が意思確認

第三者承継に取り組むグリーンファーム角屋の坪田代表と斎藤さん㊨

血縁のない第三者への事業承継は二の足を踏むことも多いが、同法人では2年余りをかけて16戸の全組合員に意向調査をし、意思を確認。2月の総会では、事業の成長や発展に応じて拡大が図れるよう、4月に株式会社化することも決まった。併せて、基本理念も「集落の農地は集落が守る」から「住民とともに地域を創造する会社へ」に変更した。

経営を継承するのは、埼玉県出身で石川県の農業法人に約20年間の就職経験を持つ斎藤貴さん（42）。２０１６年秋に知人を介して、グリーンファーム角屋にインターンシップ。後継者探しをしていた同法人と水田農業で独立就農したかった斎藤さんの思いが一致し、翌年1月から常時雇用となった。1年前には家族も県内に移住した。

同法人の経営面積は約18㌶で、水稲、麦、大豆を栽培していたが、第三者承継のため、年間を通じた作業の確保も検討。加工・業務用タマネギやダイコン、ミディトマトを栽培品目に加えた他、餅やみそ、ダイコンずしの加工にも取り組み、収益向上に努めている。地代や出役賃金体系の見直しも進めている。

同法人の坪田清孝代表は「県内の集落営農組織で第三者承継の例はまだないと思うが、将来を見据えて集落内に後継者がいなければ、即戦力となる第三者承継という選択も出てくるのではないか」と指摘。「第三者承継のため、じっくり集落の合意形成を図ってきており、斎藤さんも地域に解け込んでくれている。新会社では執行役員を務めてもらい、4年後には経営を移譲したい」と話している。

斎藤さんは「就農にかかる初期投資が抑えられ、やりたいことができるのは魅力。声を掛ければ、地域の人たちの作業協力も得られる。今後は加工や米の直売を増やし、維持する農業からもうかる農業にしていきたい」と意気込んでいる。

（ふくい）

日本農業新聞　2019年３月27日

米・麦・大豆・野菜＋6次産業

バランス良く多角化推進

地域の女性と商品開発も後継者に魅力ある農業を

福井県あわら市　齋藤 貴さん

米と加工品を前に齋藤さん夫妻。米は少量の販売にも対応する。「作業スケジュールは地域の方と毎月打ち合わせしている」と話す

【福井支局】株式会社グリーンファーム角屋（代表取締役社長＝坪田清孝さん、あわら市角屋）は、埼玉県出身で同社の園芸・加工執行役員を務める齋藤貴さん(44)への第三者継承を目指している。石川県の農業法人に勤めていた齋藤さんは2017年から同社の営農の中心役となり、妻の翔子さん(39)と、水稲、大麦、大豆に加え、園芸、みそや漬物の加工・販売に取り組む。

同社は20㌶、16戸で構成する集落営農をもとに1999年に法人化し、同市の集落営農を先導した。多角的な経営と継承を目的に2020年に株式会社となり、23年には齋藤さんが代表取締役に就任の予定だ。

齋藤さんは「適期の作業で、品質の良い物を育てていくことが基本。角屋ではもともと丁寧な作業が行われており、相性が良かった。地域の協力は手厚く心強い」と話す。

収益を上げるため、17年に業務・加工用のダイコンとタマネギの生産を開始。水稲育苗ハウス4・8㌃の有効利用として、ミディトマトの生産を始め、タマネギの苗も育てている。

「作業時期が重ならない品目を選んだ。経営の柱は水稲だが、規模に応じて園芸と6次産業を組み合わせることで、経営バランスが良くなっている」

今年からカラフルミディトマト「越の宝石（じゅえりー）」を栽培

活躍する場 広げたい

米は慣行栽培のほか、農薬使用を減らした「コシヒカリ」を生産し直販に力を注ぐ。あわら温泉宿や米穀店への直接販売のほか、通信販売サイト「ポケットマルシェ」でも販売する。

加工は、地区の公民館の調理室を利用して、青大豆を使用したみそやダイコンの漬物を製造し、市内の直売所で販売。「地区の60～70代の女性はとても元気で料理上手。一緒に新商品を開発しているところ」と翔子さんは話す。

「後継者がやりたいと思えるような、魅力的で稼げる農業にしていきたい。加工品を増やして、地域の方が活躍する場を広げていきたい」と齋藤さん夫妻は話す。

（廣木）

農業共済新聞　2021年4月14日

はじめの頃は、色々な意見が聞こえて来ました。「グリーンファーム角屋の組織が駄目になって、新たな人が経営することになった」（必ずしも間違っているとは、言いがたいところがありますが）とか、「担い手による第三者継承で集落営農が上手くいく訳がない」など。しかし、彼らの行動は徐々に認知され、今では他の組織から、「どの様にして、彼らを見つけて来たのか」とか「いい人達が来てくれたね」とか「家《うち》の農業もやってもらえないか」とか、彼らのことに関して色々なところから声が掛かるようになりました（彼らの人懐こい性格もありますが）。

さて、この様に彼らが認知されて行くことで、色々な組織との連携や販売チャネルの拡大等につながって来ています。

例えばたまねぎ収穫期における（近くの組織から）の手伝いや、イベントへの参加依頼（農産物と加工品）などです。また、彼（担い手）を慕って、昔、働いていた時の友達も度々応援に参じてくれます。

代表取締役になって、さらに表に出て行く機会も増えますし、ますます、注目度が増していくと思いますが、我が社にとっては、第三者継承を確実なものにしなければならないということになります（まだ1年目です。これからは、彼らと共に我が社の夢に向かって進んで行くことにします）。

代表取締役交代の際の挨拶文

謹啓　陽春の候　ますますご隆昌の段　慶賀の至りに存じます
平素は格別のご高配を賜り厚く御礼申し上げます
　　　　　　　　　　　　　　　　　　　さて　私儀
このたび　代表取締役を退任することといたしました
在任中は多年にわたり　ひとかたならぬご懇情を賜りまして心よりお礼申し上げます
今後は　会長職にとどまり　集落営農の持続的な発展のために尽力をそそいでいく所存でございます
後任には　齋藤貴が就任いたしますので　変わらぬお引き立てのほどお願い申し上げます
まずは略儀ながら書中をもってお礼かたがたご挨拶申し上げます
謹白

令和五年三月吉日

株式会社グリーンファーム角屋
取締役会長　坪田　清孝

謹啓　陽春の候　ますますご隆盛のこととお慶び申し上げます
平素は格別のご高配を賜り厚く御礼申し上げます
　　　　　　　　　　　　　　　　　　　さて　私儀
このたび　坪田清孝の代表取締役退任および会長就任にともない
二月二六日付けにて　代表取締役に就任いたしました
農業を取り巻く環境が厳しさを増す折から　その責務の重大さを痛感いたしております
甚だ微力ながら　全身全霊にて社業発展に尽くしてまいりますので
何とぞ倍旧のご指導ご鞭撻を賜りますようお願い申し上げます
まずは略儀ながら書中をもってご挨拶申し上げます
謹白

令和五年三月吉日

株式会社グリーンファーム角屋
代表取締役　齋藤　貴

9　新たな取り組みと今後の進化

実情に応じて、これからもっともっと、グリーンファーム角屋として進化していく必要があります。

一番に、やはり高齢化の課題です。出役する人材が若返ることはありません、年と共に衰えています。動きも緩慢になり農作業にも危険性が伴ってきています。

作業人数を減らし、危険を回避する努力が今後は求められてきます（そうです、スマート農業への取り組みです）。

国はこの部分に多くの補助金を用意していますが、なかなか、都合よくは取りにいけません。それ相応の理由が必要ですし、高額な投資が必要で、当社として、今しばらくは見合わせようと思っていました（しかし、デモ機で使ってみると、これがまた便利で、すぐに魅了され、集落の全員の合意を得て購入が決まりました）。

しかし、購入には、やはり事業補助金の活用が必須です。当然、補助事業に沿った事業計画の作成、今後の当社の目的や目標が求められてきます（ただ、欲しいだけでは採択してもらえませんね）。

そうです、昨年から始まった、「集落活性化プロジェクト促進事業」です。

タイミング良すぎです。当然、課題は「高齢化する社会と担い手確保に向けた取り組み」を訴えて、農作業の省力化と担い手の所得向上を目指した高収益作物の導入です。

導入する機械は、「アグリロボの田植機（有人使用）」と「トラクターの自動操舵（そうだシステム」の二つです。また、所得向上のための取り組みは、河川改修事業で減少した農地の収益をカバーするために、園芸用の耐候性ハウス3棟の導入です。そこでは、今まで取り組んできた、ミディトマトとアスパラの栽培を考えています。

昨年は、機械の導入のみで、本年度からは、ハウスの建設に入ります。

少し余談になりますが、導入した「アグリロボ田植機（有人使用）」と「トラクターの自動操舵《そうだ》システム」について、利用した感想を述べてみたいと思います。このロボ田植機は、思った以上の効果がありました。まず、田植え時の作業人数の削減です。従来は、田植機の運転に、手元作業を含めた交代要員を考え2人、苗運びに2人、田んぼの尻・かまて（かみて、を指す北陸の方言で、枕地をさします。）の均し（田植機のターン跡の均平作業）に2人、使用済みの苗箱洗いに1人、最低でも7人の従事作業員が必要でしたが、このロボ田植機を使用すると、真っすぐ植える神経を使わないため運転手の疲れも少なく、1人で運転が出来、苗運びは2人、尻・かまての均し作業は不要（田植機の機能向上と水を張って柔らかい田んぼでも作業可能で、ターン後は、すぐに元に戻るため）、苗箱の洗いも1人で可能なため、計4人で十分になりました。3人分の人件費を削減です。

さらに、このロボ田植機の賢いところは、変形の圃場であっても無駄のない作付けを行い、苗の使用枚数も成形田と同じで、肥料散布も含めロスの少ないことです（苗や肥料、そし

て労務費の節約に繋がっています。この分では、すぐに元が取れそうです）。

もう一つは、トラクターの自動操舵（有人）です。このシステムも、真っすぐに進むところが素晴らしいのですが、さらに、ハンドル操作も不要で、真っすぐに進める気遣いもなく疲れないそうです。この真っすぐに進むことは、春の荒起こし、田切り、代かき、そして、田植えと続く作業は、常に真っすぐに耕起された圃場で、ハンドル操作にブレもなく、機械に無理のないスムーズな作業を行うことができ、後発の作業にも有利です。

もう一つ、スマート農業にはドローン（ＵＡＶ）の利用があります。そうです、令和2年度に行われた経営継続補助金（コロナ対策補助金）です。このドローンは、やはり高齢化による労働力不足からどうしても購入したい機械の一つでありました。

今まで、農薬の散布はカーペットダスター（動力散布機）という機械を使用して散布していましたが、散布のための散布用ホース（１００ｍ）が急きょ製造中止となったことや、散布時には、ホースの引手を含め6人程度の人員確保が必要で、高齢化した地域では人員の確保が困難となっていたことで、この補助事業は渡りに船でもありました。今では、担い手（ドローン免許取得者）と2人で散布できます（ドローンの購入

費用も高かったですが、免許の取得費用も高いものです）。

さらに、私の集落は、周辺に１２００ｍもの堤防を抱えています。毎年、春と夏に草刈りをしますが、急な斜面の草刈りは高齢者にとっては、とても危険な作業です。近年は、熱中症の心配もあり、ここでも、機械に頼る必要が出てきました（トラクターに装着できるハンマーナイフモアといいます）。高い買い物ですが、背に腹は代えられません。集落環境保護の大事な取り組みでもあり、それを集落営農組織で守っていく事も大きな使命です（この機械は、自己資金で買いました。補助事業ではありませんよ）。

これらの取り組みは、農作業から解放された高齢者の新たな役割を生み出していく事になります。第１章で述べた、農村秩序の中で農業施設（用排水路や農道）や農地を含めた農村環境の維持（特に周辺の草刈り）は、担い手だけでは到底管理出来るものでなく、皆の協力があって成しえるものなのです。そう、農作業から解放された高齢者にとっては、平坦な農地周辺の草刈りは、お手のものです。農地・水保全管理支払交付金をいただいて草刈りを行ってもらおうと考えています。

グリーンファーム角屋の農業機械・施設の現状

機械・施設名	型式、機能、規模	台数
農作業場（鉄骨）	乾燥施設	1棟
農機格納庫（鉄骨）	コンバイン、田植機、トラクター等	1棟
農機格納庫（ハウス）	耐候性（大豆関係農機）	1棟
トラクター42PS		1台
トラクター51PS	パワクロ	1台
トラクター54PS	自動操舵（xdiag2）付き	1台
田植機　8条植え	アグリロボ田植機（有人）	1台
コンバイン　6条刈り	100PS　キャビン付き	1台
大豆コンバイン　2条刈り	オーガ付き	1台
レーザーリベラー	LT320PL2	1台
プラウ	水田用	1台
フレールモア	FM187-U	1台
乾燥機	38MX	2台
乾燥機	50NF	2台
籾摺り機	5インチ	1台
フレコン秤	GOT1000	1台
色彩選別機	FGS-2000	1台
ワイドホッパー		1台
サイバーハロー	コバシ	1台
播種機	（麦・大豆用）7連	2式
米選機	NVG45V-LL	1台
ハイクリ	MARUYAMA	1台
籾殻運搬機		1台
育苗ハウス	D-6　35m	1棟

機械・施設名	型式、機能、規模	台数
育苗ハウス（耐候性）	D-6　35m	1棟
運搬車		1台
畦切り機		1台
除草剤散布機		1台
ハンマーナイフモア		1台
剪葉機	たまねぎ苗用	1台
成形ロータリー		1台
たまねぎ定植機	OPK-4	1台
たまねぎ茎葉処理機	HT-40K	1台
たまねぎ収穫機	IPK1-D	1台
たまねぎ掘取機	UTD-1052RO	1台
農業用ドローン	T-20	1台
肥料散布機（グランドソワー）	UX-110MT-GT	1台
たまねぎ根切りキット	RCUT-KIT	1台
ホークリフト25t	TCM　FD25	1台
リヤリフト500kg	RL502(タラクターアタッチ)	1機
高圧洗浄機	NARUTO	1台

以上が、当社の所有している、農業機械と施設です。たくさん、買い込みました。これからの更新が大変です。更新に備えた減価償却準備金の積立をしっかりやる必要があります。後は、担い手に頑張ってもらうしかないですね。

10　課題と共に、まだまだ夢を

彼ら（担い手）には、課題がありますが、夢もあります。彼らは、次の世代に繋げて行くための取り組みや地元の人が活躍する場づくりなど、多くの夢を持っています。

そのために、まずはバランスを考えた経営の多角化です（儲かる農業の第一歩です）。既にご存じのように、水田農業でのコメ余りと米価の下落は、経営面で大きな痛手です。これからの農業では、水田園芸に取り組んだ複合経営が求められていますが、ただでさえ高齢化と人手不足の集落営農には、非常に難しい課題なのです。

当社では、自家製品を活用した6次化を視野に入れた取り組みを行っています（地元の人が活躍する場づくりでもあります）。特に麹等を利用した発酵食品は、担い手の得意とする技術ですが、課題はそれを製造する加工場の確保でした。そこで考え出されたのが、当地区の集落センター（公共施設）の活用と調理室の改造です（集落センターには、既に調理研修用の部屋が備わっているので、簡単な拡張工事です）。

あまり利用されていない集落センター活用は、高齢化した集落にとっては、維持・管理上、願ったり叶ったりのことですぐに合意が取れました（高齢化した限界集落を守る取り組みの一つです）。

　改造された集落センターでは、地域の女性を巻き込んだ６次化による商品開発が頻繁におこなわれ活用されています。

　集落センターの活用は、これだけでは終わりません。６月の１カ月間ですが、たまねぎ収穫にどうしても若者の力が必要で、応援に来てくれた「おてつたび」の若者の宿泊施設として使用しています。「おてつたび」とは、お手伝い（仕事）と旅を掛合わせた造語で、短期的・季節的な労働力不足で困っている地域の農家や旅館などの事業者と「知らない地域へ行きたい！」「仕事をしながら暮らすように旅がしたい！」という、地域に興味がある若者をマッチングするプラットホームです（近年は、若者だけでなく高齢者の方も応募してくるようです）。
　集落センターを宿泊所にするためのベッド２台を購入し、部屋にはエアコンを設置しました（食事は自炊です。センターにはテレビはありませんが、最近の若者はテレビが不要な様です）。
　将来は、集落センターを「民泊施設」や「就農体験施設」として活用しようと考えています。
また、本年度からは、電気料金の値上げを機に、集落に代わってグリーンファーム角屋で電気、水道、ガスなどのインフラに関する料金を支払うことにしました（年金生活の高齢者負担を減らすためです。グリーンファーム角屋が自由に使うためでもあります）。

次の課題は、集落内にある、小さな家庭菜園の利用方法です（高齢化する集落の大きな課題です）。今後、それらの家庭菜園は放棄されていく危険があり、集落内の至る所で荒廃地が発生する事になりかねません（第一種農地の荒廃とは訳が違います）。人・農地プランに該当しない農地で、大型農機も機能しません。人の手で行う農業です。

私の集落でも、既に農地として管理出来ない箇所が出て来ています。単に草刈りのみの管理で、そこには生産機能が生まれてきていません。何とかしないといけないと考えています。市民農園の開設とか、集落内をすべて果樹園（ブドウ等）で一色にして、観光農園の開設など、今後、担い手を含めて集落内で検討して行こうと考えています。

改造された加工場

そして集落営農組織の最大の課題は、河川改修において減少した経営面積への対応です。
当然、経営面積の減少は痛手です。これから、担い手に経営を託そうとしている矢先に起きた出来事でした（県から話があったのは平成29年末で、担い手に集落を託そうとしていた正にその時です）。急に降って湧いた話は到底納得がいかず、担い手への継承も断念せざるを得ない由々しき事態でした。
対処方法として、代替農地の確保も含め検討したのですが、あわら市では、平成19年度から始まった「品目横断的経営安定対策」への対応により、各集落に「ぐるみの集落営農組織」育成を進めてきたことで、近隣の集落には既に空いた農地が無く確保できない事から、出来るだけ河川改修による潰れ地を減らすことを求め、唯一、我が集落で当組織に参加していなかった農家にも声掛けをして、参画はしないけれども農地を預けてくれることで、当社の経営面積はおおむね発足当時と同等の面積を確保でき、集落としても河川改修の買収に応じることとなりました。

一方で、我が社では、農業経営の在り方を、水稲中心の農業から水田園芸を絡めた園芸主体の農業への転換を検討しています(儲かる農業へのシフト)。先に、スマート農業でも話した「集落活性化プロジェクト促進事業」は、2年間で二千万の事業で、昨年のスマート農業で約745万円、残りの1255万円で耐候性ハウス3棟と造成工事を行い、高収益作物の導入として地元特産の「ミディトマト（越のルビー）2棟」と「アスパラ1棟」（思案中です）の栽培を進めて行こうと考えています。

また、昨年から始めた「れんこん」栽培も、福井県産の『あわられんこん』として生協から販売していく予定で、まだまだ規模拡大を図っていきます。

当然、水田園芸の柱としては、今までも進めてきた、加工・業務野菜の「たまねぎ」や「だいこん」も進めていきます（「れんこん」の拡大に伴い「だいこん」の面積が少し減るかもしれません）。

第3章　畑作農業の取り組み——次世代農業に向けて

1　畑作農業の振興――丘陵地支援センターの取り組み

さて、第3章では、畑作農業の振興策について少し話してみようと思います。第1章や第2章は、水田農業を中心に農村集落と集落営農の担い手の確保（第三者継承）について話を進めてきましたが、畑作農業でも、水田地帯と同様に担い手の確保は大きな課題です。特に、人・農地プランをはじめとする国の政策の大半は、水田農業を主に策定されており、園芸を主体とする畑作地帯では施策に合わせて、それらの計画を練り上げることは、非常に困難な事なのです。

そこで、平成22年3月、私が市役所を退職したのち、坂井北部丘陵地営農推進協議会（あわら市と坂井市の出先機関）の事務局長として赴任し、そこで取り組んできた畑作農業の振興策を交え、今、進めている「加工・業務用野菜の取り組み」までを、第3章、ならびに第4章で話していきたいと思います。

あわら市の北部には、お隣の坂井市三国町と併せて一千町歩の畑地帯が広がっています。この農地は、国営の農地開発事業「坂井北部地区」（昭和45年度～62年度）によって造成された農地で、造成された昭和50～60年頃は、スイカやだいこんを主体に土地利用型農業が盛んにおこなわれていたところです。

近年では、付加価値の高いメロンやトマトに代表される施設集約型農業にシフトする農家が増え、担い手の不足と相まって、遊休農地の拡大に拍車をかけています（次頁上部の写真の白い部分は、ハウス団地が広がっている写真です）。

特に、平成17年度をもって国営事業の償還（繰り上げ償還）も終え、農家としては肩の荷が下りたのですが、後ろを振り返ると担い手もいなく農業をやめていく農家も増えています。

私が所属した、坂井北部丘陵地営農推進協議会は、地方自治法２５２条の2に基づいて設置された協議会で、国営で造成された「坂井北部丘陵地」の農業振興における事務の一部を共同で執行する組織です。

当時この丘陵地では、離農する農家や、後継者もいなく規模を縮小する農家など、耕作放棄地の拡大は目に見えていて、その対策は喫緊の課題でした。

当然、この地域（一千町歩の畑）をどの様に支援していくかは、過去にも多数の地域ビジョンを描きながら振興を図ってきました。しかし、行政は、ビジョンを描くことが振興策の一つと考え、ビジョンが作成されるとそこで満足し完結してしまうところがあります（自己満足の世界です、自分も含めてですが）。

そこで、この様な反省も踏まえ、私達は、現実的に今なにをすべきなのか、またどの様に苦しむ農家を、農地の保全も含めて支援できるか考え『丘陵地農業支援センター』を立ち上げたのです。

せっかくなので、協議会の業務内容も見直すことにし、畑作地帯の中心にある当協議会は、合併して遠くなった各市役所に代わり、農地に関する事務

を農業委員会に代わり行う「農地利用集積円滑化団体」とし、農地の相談や耕作者の斡旋などと併せ、農林行政のワンストップサービスが可能な組織として歩みだすことにしました（現在では、「農地利用集積円滑化団体」の制度が廃止され、「農地中間管理機構」の業務委託団体として事務を行っています）。

一方、支援センターの実務はと言うと、直接農家を支援する、4つの取り組みを掲げて事業を展開することにしました。

① 丘陵地農業の振興策（次世代農業と産地再生）
② 農地の利用集積と耕作放棄地の解消
③ 新規就農者等の研修生受け入れと就農支援
④ 農家支援と「ねこの手クラブ」

以上の4項目です。詳細は順を追って説明します。

2 丘陵地農業の振興策——次世代農業と産地再生

まずは、これからの地域や農業の在り方を模索しながら考え出されたのが、単価在りきで計算できる農業の推進です（次世代農業です）。

そこで、高齢化とともに生産基盤が脆弱となってきている丘陵地農業は、施設集約型農業と土地利用型農業の二極化を図って、青果物と契約栽培の「加工・業務用野菜」の複合的な産地づくりを推進することにしました。

施設集約型農業では、北陸の気候を考慮し「耐候性ハウスの導入」を推進すると共に、ＪＡのフルーツセンターでは、小物（トマト、柿、梨）と大物（スイカ、メロン）の選果ができるレーンの整備と併せ、光センサーを導入し高品質なフルーツ産地の確立を支援していくようにしました。

土地利用型農業では、「加工・業務用野菜」の需要が高まる中で契約栽培による5品目の野菜で試験的栽培（キャベツ、だいこん、たまねぎ、かぼちゃ、にんじん）を行い、地域に合った栽培技術の確立と、生産と販売のマッチングを兼ねた生産システムの構築を行うことにしました。

特に、土地利用型農業の取り組みでは、県が進めていた「企業的園芸確立支援事業」を活用して多くの農企業が丘陵地に参入してくれ、その多くが、単価在りきの「加工・業務用のキャベツ」で周年型の農業を実践してくれました。キャベツ以外にも、だいこん、にんじん、たまねぎ、かぼちゃの4品目行われたのですが、最終的には、だいこんとたまねぎ2品目が生き残り、キャベツと併せて3品目の加工・業務用野菜が今も進められています。

この取り組みは、後ほど「第4章　加工・業務用野菜の取り組み」で詳しく説明していきます。

3　農地の利用集積と耕作放棄地の解消

農地の利用集積の手始めとして、平成17年から実施されている「畑作調査の結果」を基に、耕作放棄地の解消（畑作再生事業等を活用した）と併せ、農企業の誘致や新規就農者への農地斡旋を行いました。さらに、平成25年に始まった「人・農地プラン」の作成も、市に代わり支援センターの業務の一環として取り組みました。

この「人・農地プラン」の策定は、集落単位で担い手を定めることですが、この丘陵地では、既に、農企業を始めとした多彩な担い手が参入していて、属地単位の担い手の選定には多くの課題がありました。畑作集落の農家は、水田地帯の農家とは違い、色々な作物を複合的に経営しており、それを一つにまとめ、担い手へ集約することは容易な事ではないのです。

そこで考え出した「人・農地プラン」は、地域を超えたプランの策定です。

丘陵地を市単位でとらえて、その地域で経営する認定農業者や新規就農者等（農企業を含む）を地域の担い手として位置付けることとしました。今になって考えてみるとまさに、令和4年に示された「実質化された人・農地プラン」そのものなのです。「それを実現すべく、地域内外から農地の受け手を幅広く確保しつつ・・・」の内容です。しかし、依然として人・農地プランの評価は集落単位です（このことは、後で述べます）。


いまだに、解決できない課題もたくさん残されています。

その一つは、農企業の定着率です。行政や地元の農家は、農企業の参入を快く思っていません。

行政においては、農企業の撤退は、補助金返還が伴う事があるからです。また、その穴埋めも行政の業務だからです。また、農家にも歓迎されない理由は、農企業の誘致には、多くの補助金が使われているからです。

しかし、荒廃していく農地を目のあたりすると、そんな呑気なことも言っておられず、まずは、農地を利用してくれる農企業を優先すべきと考えてきました。企業によっては、集約された農地を確保するため畑作再生事業を活用して、耕作放棄地の解消に努めてくれる企業もあるからです（耕作放棄地の解消にも補助金が使われています）。

当時、私が関係した農企業は、12社ありますが、７社が撤退しています。そして、その全てが、当地において一番必要な土地利用型農業の企業です。

そのあたりを考えると、もう少し、営農プランを含めたフォローが必要であったかと反省しています。しかし、撤退して空きの出た農地には、後釜に入ってくれる農企業や、新規就農者の存在もあり、再生された農地は願ってもない利用メリットがあります。

次に、畑作物（野菜、果樹を含め）は、なかなか機械化できない作業が多い事が課題です。集約された農地であっても、やはり、収穫作業や管理作業は人の手に頼るところが多く、人手の関係から地域の担い手としての経営拡大や耕作放棄地の解消にも繋がらないのが実態です（後に、ねこの手クラブでお話しします）。

毎年、春と秋に行われている「畑作調査」ですが、この調査は、前著にも書かせてもらいましたが、平成17年から農業委員会で始めた取り組みで、荒廃の状況をレベル①〜④の４段階で判断し、①畑として即使用可能な農地、②容易に農地への復元が可能な農地、③畑作再生事業等で再生可能な農地、④畑地には再生不能な荒廃農地に色分けて調査するもので、一番重要なことは、①と②の農地の借り手をすぐに見つける事です。③になってからでは、すぐに④になってしまいますし、既に国の畑作再生事業は廃止されています（もう一度、復活を願うものです）。今は、農業会議の指導で、①〜③に分類して調査している様です（①と②を①に統合して）。

耕作放棄地解消のカギは、耕作放棄地を出さないことです。これらの調査を基に、農地として利用可能な時点で、耕作者を探す事です。

4 新規就農者等の研修生受け入れと就農支援

耕作放棄地の増加を考えると、農地を新たに活用する新規就農者や農企業の誘致が重要となってきます。その中でも、特に新規就農者の受け入れ相談です。

就農したいと相談にくる若者には金がありません。当地での生活費や農業を始める前の農具等の購入資金です。ましてや、農業経験もノウハウもありません。まずは、先立つものの確認と就農研修受け入れの確認です。

当然、先立つ資金のない人には、新規就農は勧めません。その場合、当地では、誘致された農企業への就業を勧めてきましたが、平成24年度から始まった「新規就農総合支援事業」を活用しての相談であっても同じことです。

当時は就農のための研修方法についても多くの課題がありました。研修生の受け入れは、就農したい地域で里親となる農家を探す事から始めました。後々、地域に受け入れてもらうためには、地域住民とのコミュニケーションが必要だからです。就農受け入れの是非を判定するのも研修先となる里親農家にお願いしました。

また、就農者が求める野菜や果樹等の品目とそれを受け入れる里親農家の偏りです。

地域によっては、里親となる農家が存在しない場合や研修生が宿泊する宿の確保など、新たに、里親農家を探すのも、支援センターの役目です。

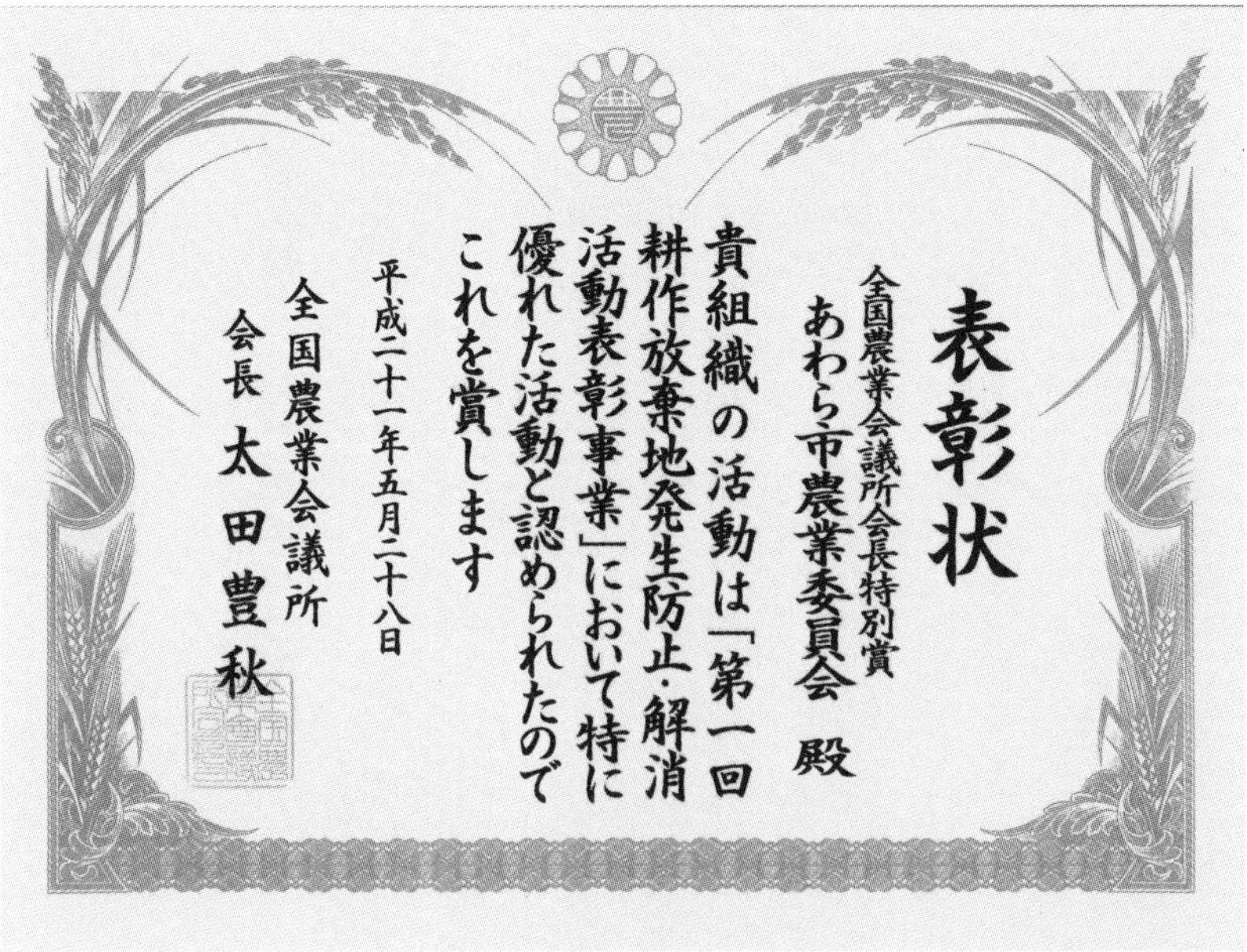
表彰状
全国農業会議所会長特別賞
あわら市農業委員会　殿
貴組織の活動は「第一回
耕作放棄地発生防止・解消
活動表彰事業」において特に
優れた活動と認められたので
これを賞します
平成二十一年五月二十八日
全国農業会議所
会長　太田豊秋

平成26年からは、当園芸地帯の地区を中心に、県は、国の就農準備金制度を活用して「ふくい園芸カレッジ」を開校し、そこで新規に就農したい若者の受け入れと、地元農家の跡取りを含めた就農育成支援をはじめました。その園芸カレッジでは、毎年、東京や大阪、名古屋などで開催される「新・農業人フェア」などにブースを出展して、新規就農者の誘致を行っています。地元への就農はやはり里親制度を活用して、県とタイアップした形で支援センターが支援継続を行っています。

しかし、新規就農希望の研修生の中には、依然として、準備資金のないまま研修に臨む若者も少なくありません。研修時は、就農準備金制度を活用したとしても、就農開始に当たっては大変な事になります。就農開始で、準備する農業施設等（ハウスや農機具、そして運搬に必要な軽トラ等）の資金がないままの船出は危険なものがあります。

その辺を含めた相談支援は、非常にデリケートな部分で大変な作業でもあります。

補助事業や制度資金の活用も考えられます

が、制度資金の活用は必ず返還が伴うものです。新規就農で始めた経営が最初から順調に進む訳がありません。園芸カレッジではそのところを踏まえ、栽培技術の外に農業経営学も併せ教育していただきたいと思うところです。

5　農家支援と「ねこの手クラブ」

平成22年度に、あわら市が独自に、高齢農家や農繁期に作業の手伝いを望む農家を直接支援するために立ち上げた「ねこの手クラブ」は、新規就農者や規模を拡大する際の支援として評価され、支援センター立ち上げ時の目標の一つとして丘陵地一円の取り組みとしてスタートしました。

この、ねこの手クラブは、長野県塩尻市の農業委員会の取り組みを全て真似したものです。また、この取り組みには、あわら市議会、農業委員会、農林水産課担当職員、支援センター職員などで4回以上塩尻市に直接足を運び「ねこの手クラブ」の趣旨や運営システムなど全て研修しパクらせてもらったものです（「ねこの手クラブ」のネーミングも含めて了解済みです）。

この、ねこの手クラブは、園芸に多い、人の手で行う農作業を支援するもので、支援する人達は、農業経験もない「まちうち」の人達が大半で、人の手ほどではなくねこの手レベルの作業しかできないことでの農家支援です。

ねこの手の会員募集は、リーマンショックの不景気と相まって失業者がたくさんいた時でもあり、割とスムーズに集まりました。希望農家も口コミで徐々に増えて来たのですが、景気の回復と共に、ねこの手（支援者）が減少していく現象が続きました。

福井県では女性の共稼ぎ率が高く、市の広報で募集するも、なかなか集まらない状況です。

また、利用する農家も、最初は「ねこの手」と意味も理解してもらっていたのですが、時間が経つにつれ、効率性と能力を求めてくる様になりました（安いながらも有料ですから）。ねこの手の支援は、期間的にシャッフルして支援農家を替えるのですが、中には、ねこの手さんの指名までしてくる農家や引き抜きまでもが横行しています。担当する職員はたまったものでありません。

毎年、ねこの手利用者は確実に増えています。農家からは、土・日、朝晩を問わず依頼がきますし、天候によってすぐに依頼の時間や日にちを替えてきます。担当職員一人では大変な仕事量です。また、支援者のねこの手会員の高齢化も限界にきています（検討を要する時期に来ています）。

さて、この「ねこの手クラブ」の運営には、派遣法上の問題が別にあります。

「ねこの手クラブ」は、支援者を農家に派遣するのではなく、農家の作業を請負う形で作業を行っています（職員が農家に出向き作業内容を確認して、支援者に伝える方法です）。非常に面倒くさいので、平成23年に、あわら市と塩尻市は同時に、特区の申請を行いましたが、結果は却下です（平成24年に派遣法の改正を行う矢先で、簡単に却下されたのです）。

近年は、農業デイワークの取り組みが各地で行われている様です。そちらも、参考にされると良いと思います。

以上が、支援センターの取り組みです。

丘陵地では、露地・施設で多様な作物が栽培されている

福井県の坂井北部丘陵地営農推進協議会は今年４月、「丘陵地農業支援センター」を設置し、高齢農家の支援や担い手育成、農地の利用集積などを一手に行うワンストップサービスを目指している。あわら・坂井両市にまたがる県内最大規模の園芸産地の「産地再生」と「次世代農業」を旗印に取り組みを進める。

園芸産地再生し 次世代農業に道筋

丘陵地農業支援センター

福井・あわら市／坂井市

６次産業化に向けた振興策
農地の利用集積と遊休解消
研修生受け入れと就農支援
「ねこの手クラブ」の手借り

■４つの取り組み

行き詰まり打開へ 農業政策を一元化

あわら市と坂井市にまたがる坂井北部丘陵地には、国営事業で造成された約1千ヘクタールの畑地が広がるが、農業従事者の高齢化と担い手不足が進み、管理休耕など不耕作の農地が3割ほど存在。スイカやダイコンなど主要作物の産出額も大幅下落が続いている。

そこで、両市では、農業政策を一元化させ、産地再生と次世代農業の確立、現実的な農家支援を行うため、丘陵地農業支援センターを設立し、そんな「産地とはいえない状況」（坪田清孝事務局長）を打開することとした。

具体的な取り組みは4つ。

まず、消費者情報（ニーズ）を生産者にフィードバックする仕組みを作り、地域一体となった包括的な6次産業化を進める丘陵地農業の振興策を掲げる（図）。

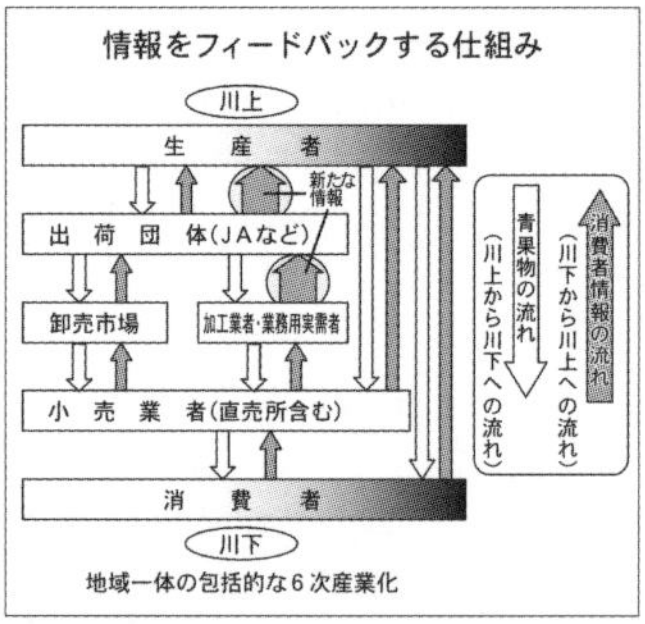

地域一体の包括的な６次産業化

丘陵地に複数農業参入している食品関連企業と連携し、実需者ニーズを的確に地域の栽培計画に反映させた新たな産地構築を目指し、魅力ある（儲かる）農業で生産部会の若返りにも期待する。

2つ目は、農地の利用集積と遊休農地解消。農用地利用集積円滑化団体の実施主体（坂井北部丘陵地営農推進協議会）として、土地利用型農業で産地再生を図る。農業委員会と常に情報を共有し、農地流動化と遊休農地解消を効果的に進めている。昨年7月から15ヘクタールの農地を集積、今年度さらに9ヘクタールを集積する予定だ。

また、企業参入や新規就農者の受け入れと一体的に進めることで、さらなる成果に期待を寄せる。

3つ目は、新規就農希望者など研修生の受け入れと就農支援。2週間のインターンシップを皮切りに、独立就農や農業法人への就業など希望者に適した形態で就農・就業を支援する。

そして、4つ目が援農組織『ねこの手クラブ』の取り組みだ。高齢農家や繁忙期に作業の手伝いを望む農家の依頼に応じ、会員が農作業を行うもので、昨年度あわら市で始めたところ農家からの評判が良く、丘陵地全域に範囲を拡大した。

「目標数値などにとらわれず、今何が出来るか、何をすべきかを考え、課題解決に向けて取り組み続けることが大切」だと坪田事務局長。「魅力ある農業で担い手育成を進め、新たな園芸産地の確立を目指したい」と期待を込める。

全国農業新聞　平成23年９月16日

第4章　次世代農業の在り方を探る〈加工・業務用野菜〉

1　福井県農業の現状と課題

福井県に限らず、農業の現状や課題は大半似たり寄ったりではないかと思います。

水田地帯では、集落営農組織や中核農家に農地の集約が始まり、農業従事者の高齢化によって組織の運営が危ぶまれています。また、コメ消費減少から転作率も増え、米価の下落と資材・肥料の高騰などにより、農地を守ることは既に限界に来ているのではないでしょうか。

農地を守ることから、儲かる農業へシフトすることは今後の大きな課題です。

一方、畑作地帯では、農業従事者の高齢化は専業農家の減少や土地利用型農業から施設集約型農業へ移行が進み、高齢化と規模縮小によって耕作放棄地と農地貸付の依頼が増加しています。

当然、農企業の誘致や新規就農者の受け入れを推進する必要があります（農業従事者の絶対数が不足しているからです）。ここで土地利用型農業の推進です。

この様に、課題から見えてきた農業（次世代）の在り方は、次のような取り組みが考えられます。

① 水田部の集落営農組織や中核農家・農企業の常時雇用対策として、冬季や端境期を活用した水田園芸としてキャベツ、白ねぎ等の推進を図る。

② 「食」の外部化が進み加工・業務用野菜のニーズが高まる中、丘陵地の畑作地帯では契約栽培（単価在りきの農業）による「加工・業務用野菜」でキャベツ・だいこんの推進を図る。

③　一方、転作面積の拡大から、水田地帯の麦・大豆に代わる収益性の高い野菜への転換を図る。北陸（石川、富山、新潟）の水田地帯では、加工・業務用キャベツや機械化一貫体系による加工用たまねぎの栽培が進められている。

④　考えている野菜の大半は、秋冬期の野菜が多く北陸の気候（雨や雪）を考慮すると、鉄コンテナ（以降、鉄コンと言う）による出荷が可能な「加工・業務用野菜」を中心に進めて行くこととする。

話は変わりますが、平成22年4月から勤務した「坂井北部丘陵地営農推進協議会」も平成26年3月で退職し、その後、丘陵地支援センターで計画してきた「加工・業務用野菜」の推進を兼ね、地元、花咲ふくい農業協同組合の「加工・業務用野菜流通専門員（地域マネージャー）」として勤務することになりました。支援センターでの取り組みをぜひＪＡに来て実践してほしいとのことです。野菜も販売したこともない根っからの行政マン（ちなみに、私は農業土木専攻です）ですので、大いに不安はありましたが、やってみないと始まらない、の心境で飛び込むこととしました。

これからは、その悪戦苦闘した取り組みを話して行こうと思います。

まずは、支援センターで検討していた、加工・業務用野菜（キャベツ、だいこん、にんじん、たまねぎ、かぼちゃ）の5品目から、販売力、収益性、価格、出荷体制を総合的に判断して、丘陵地の畑作帯では、キャベツ、だいこんの2品目を、水田地帯では、たまねぎ、キャベツの2品目を選定しました。

2　なぜ〝加工・業務用野菜〟なのか

そこには、野菜需要の変化が挙げられます。

近年の生活スタイルの変化により、食の外部化が進展するとともに生鮮食品の購入が減少し、サラダ等の加工調理食品の購入が増加しています。

一方、食の外部化の進展の背景には、世帯構成（単身世帯、共稼ぎ世帯、高齢化の増加）など、少子化・高齢化・核家族化等に伴う世帯人数の変化が挙げられます。その変化に連動して食の簡便化志向が高まり、野菜需要のうち加工・業務用需要の割合は、増加傾向で推移し、全体の6割程度になっています。

こうした、食による野菜需要の変化に、生産部門も対応していく必要があります。

北陸地方の加工・業務用野菜の取り組みは、関東と比べて10年以上の遅れがあります。販売・出荷のスタイルなども関東と関西では微妙な違いがあります。多くの消費者を抱える関東と、量販店の多い関西の違いでしょうか（微妙に関西の方が細かいです）。

さて、「加工・業務用野菜」で実施する事の理由の一つに、次世代農業の在り方が挙げられます。単価在りきで、計算できる農業を推進したいからです。そして、農企業（年間社員を雇用している農家）の誘致に伴う年間を通じた出荷体制の構築です。

さて、品目の選定ですが、先に述べた様に、丘陵地帯では、「キャベツ」、「だいこん」の作付けです。「キャベツ」は、年間を通じて出荷可能な品目の一つです。また、「だいこん」は、栽培管理とコスト計算が容易であるからです。

次に、水田地帯の「キャベツ」と「たまねぎ」ですが、「キャベツ」は、水田農業の端境期を活用して収穫できるからです。また、「たまねぎ」は、麦の代替品目で、機械化一貫体系に慣れている水田農家だから出来る技です。それと、「たまねぎ」の精算は、水田農業にとって最も金が必要な時期（水稲の資材請求が発生する時期）だからです。キャシュフローも重要な経営の一つです。

試験品種として栽培していた残りの2品目は、「にんじん」と「かぼちゃ」です。JAでも、加工・業務用野菜での取り組みを検討しましたが、「にんじん」は、市場価格が安定していることから農家の要望もあり市場出荷を優先することとしました。また、「かぼちゃ」は、風乾等を含め規模の拡大が望めないことが課題となりました。

次の理由は、加工・業務用野菜（試験栽培の5品目）の大半は、鉄コンによる出荷が可能で、冬場における収穫（雨や雪の日でも収穫が可能）にも支障がないからです。また、「たまねぎ」をはじめ鉄コンによる作業性と運送コストの軽減にも繋がるからです。

3　「加工・業務用野菜部会（あぶら菜会）」の設立

部会の立ち上げは、これから進めて行く契約による「加工・業務野菜」の取り組みには、欠かせない事なのです。

契約栽培で、最も重要なことは、出荷における所の欠品です。生産計画と販売計画のマッチングと、販売数量を確保するためのリスクの回避です。

これらのリスクは、生産者同士が助け合うことで、それなりに回避することができます。会員ひとり一人が背負う事でのリスク回避です。

しかし、多くの生産者（会員）が集まればいいものでもありません。部会が多くの生産者を抱えると、互いに相手を当てにし、作りやすい時期に生産が集中し、販売計画が立てづらくなるからです。一部を青果に回す方法も在りますが、両刃使いは諸刃の剣で、市場価格が高騰すると野菜がそちらに流れてしまいます（契約栽培している事を忘れ高い方に流れます。人間の性です）。

あくまでも、加工・業務用野菜の取り組みは、加工・業務用野菜オンリーで進めて行くべきです。私どもの部会では、農企業を中心に進めて来たことが幸いしていると思っています。

農企業では、社員を年間雇用する関係からも、年間を通じた野菜作りと出荷体制の構築を考えていたからです（端境期のリスクを考慮しつつも）。

部会での取り組みは、「キャベツ」と「だいこん」で始めました。年間を通じた出荷体制の構築は、キャベツを中心に進めましたが、だいこんも出来るだけ長い期間出荷できるよう取り組んできました。おかげで、キャベツは、8月、9月の2カ月以外は、少しなりとも出荷でき、だいこんは、10月から翌年2月まで5カ月間出荷する事ができました。

部会には、「キャベツ分科会」と「だいこん分科会」を置き、特に地域風土に合った野菜づくりを目指すことにしました。部会の愛称は、キャベツ、だいこん共にアブラナ科の作物であることから、『あぶら菜会』と命名しました。

さらに、部会が進めたことは、生産と販売計画のマッチングシステムの構築です。毎週の出荷と荷受け調整、残数と予冷による貯蔵方法の検討や、クレーム処理と実需者からの情報収集です。

実需者からの要望や荷姿は、用途によって様々で、その規格・ストライクゾーンの見極め方、荷姿の統一など数々の情報を生産者と共有する事が大事になります。

一方、平成27年から水田地帯で進めていたたまねぎの栽培も順調に進み、生産者も増えたことから、令和４年度、加工・業務用野菜部会の「たまねぎ分科会」として参画する事となりました。この「たまねぎ」についても、当初から契約栽培による加工・業務用野菜の取り組みとして、私が進めてきたものです。

産地化軌道に乗る
加工・業務用キャベツ
あわら市、坂井市

【福井】福井県の最北端に位置する坂井北部丘陵地（あわら市、坂井市）で10月から、加工・業務用キャベツの収穫が始まった（写真）。

この地域は国営で造成された千㌶の畑地でスイカ、大根などを市場出荷することで産地を形成してきた。しかし、農業従事者の高齢化により、重量作物を嫌うようになり、それらの生産量が減少していった。それに対し、２０１０年に法人が農業とカット野菜事業に同時参入したことが加工・業務用野菜の産地化に取り組む契機となり、11年から丘陵地農業支援センターが国の補助事業を活用し、産地化に取り組んだ。

当初は、栽培技術の確立や契約栽培に対する生産意識の違いなどの課題があったが、同センターは、課題解決のため福井県・ＪＡと連携し、圃場の巡回指導、市場調査などを積極的に実施。生産者も加工・業務用野菜部会「あぶら菜会」を15年に設立し、出荷体制を整えて意思統一を図った。

ＪＡ花咲ふくいの坪田清孝加工・業務用野菜流通専門員は「課題はまだ残されてはいるが、この地域のもうかる農業プランを確立していきたい」と語っている。

加工・業務用キャベツの収穫は4月中旬ごろまで行われ、本年度は約１１００㌧を出荷する見込みだ。

現地視察の申し込みは、ＪＡ花咲ふくい園芸部園芸振興課（☎０７７６・７８・７８６８）まで。

（坂井市農業委員会・上野貴史情報員）

全国農業新聞（平成29年12月１日）

4　加工・業務用キャベツの産地化に向けた取り組み

次に、個々の野菜での取り組みを話してみたいと思います。

キャベツについては、需要の高まりとリレー出荷による産地化が図れないかの検討から始めました（北陸にもキャベツがあるぞ〜!!）。

さて課題は、年間を通じた集荷体制の構築です。端境期は、どこの実需者（加工・業務用業者）も喉から手の出るほど欲しいものです。

下の表、□は、以前から当地で栽培されていた期間で、■が今回、新たに栽培を検討した期間です。北陸の冬季の気候（雨や雪）を考えると、段ボール出しの青果用は端から考えていなかったようで、栽培実績がありません。そこで考えたのが、鉄コンで出荷できる「加工・業務用野菜」だったのです。当然、最初に福井県に鉄コンを導入したのも私です（きっかけは、愛知県田原町の鉄コンクラブです）。

解決しなければならない課題は加工・業務用キャベツの販売価格と再生産価格の確保です。

北陸のネックは、消費地から遠いための輸送コストが高いことと、市場や中間事業者、JA等の手数料（中間マージン）の支払いです。

出来るだけ、これらコストの軽減を図り、単収をアップする方法を考える必要があります。

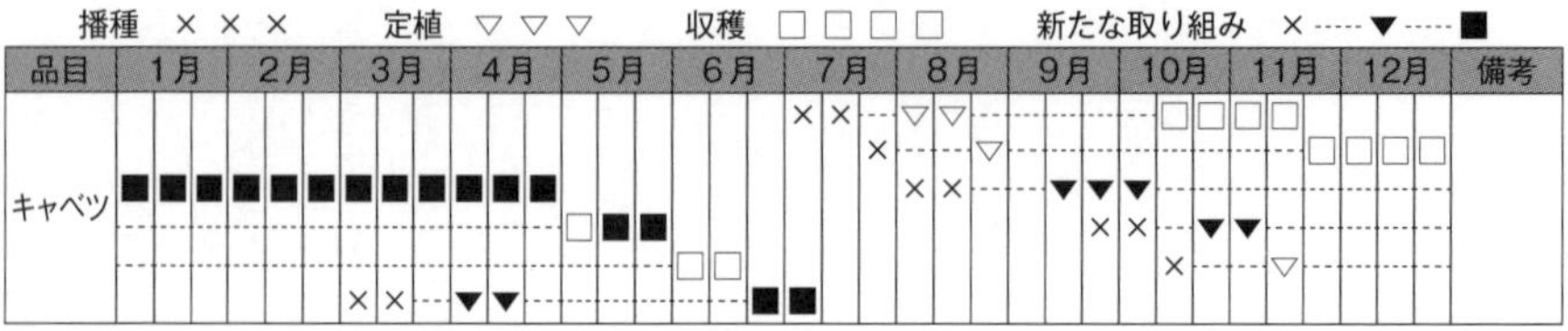

輸送コストの軽減のため、予冷車の確保と抱き合わせ出荷を検討しました。キャベツの出荷に欠かせないのが予冷車の確保ですが、大型車（10ｔ車）が多く、始めたばかりの産地では、すぐに10ｔをチャーター便で出荷できる量も、販売先（信用の問題です）も見つかりません。そこで考えたのが、出荷方面と出荷日を調整し、抱き合わせで出荷する方法です（関西方面でも3カ所降ろしが限界です。今では、チャーター便で10ｔを出荷するまでになりました）。今後は、24年問題もあるので大変です。

また、中間事業者の支払手数料で一番多いのが市場手数料です。生鮮野菜で7・5％です（今

令和４年の年間を通じた出荷・生産の実態

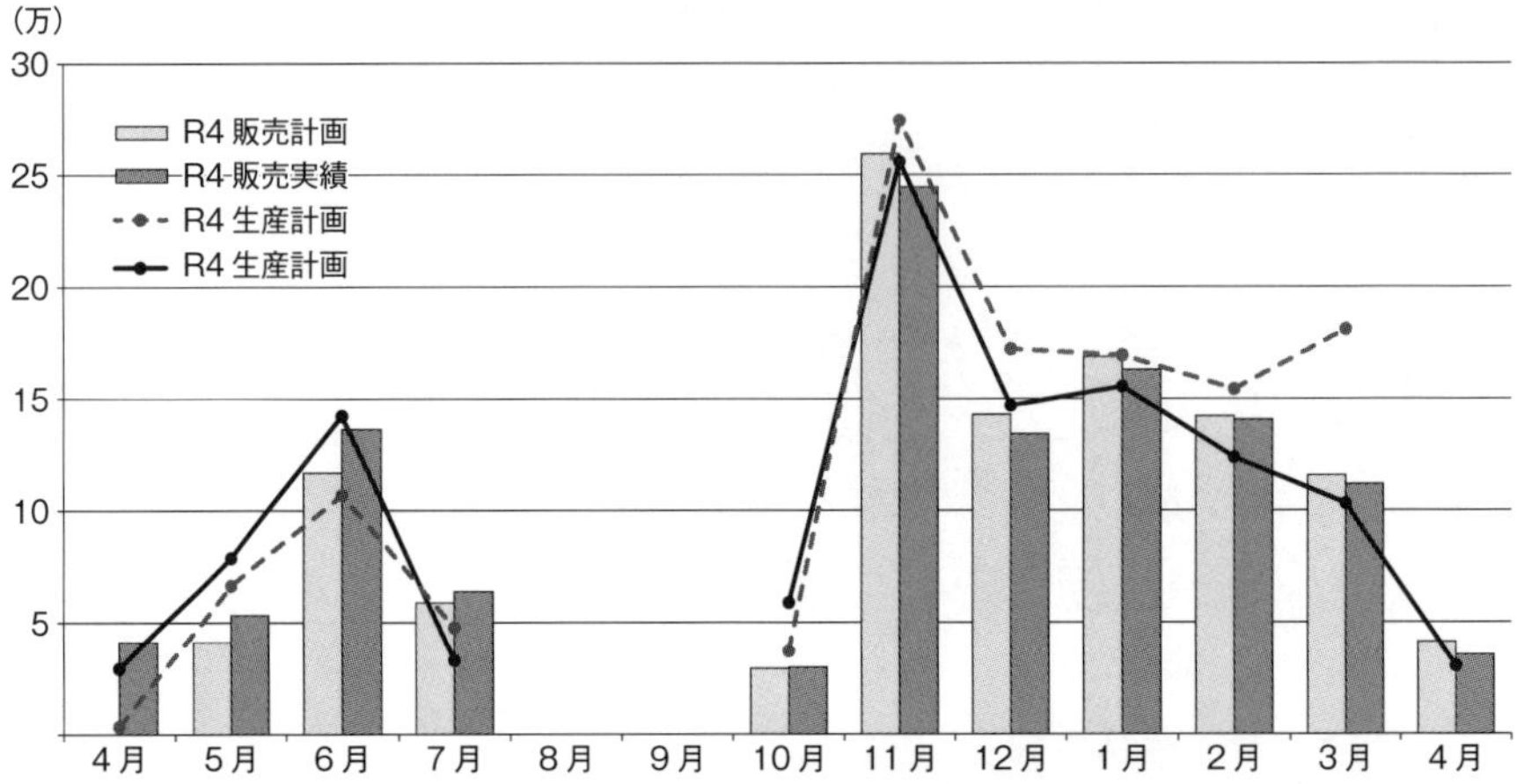

は、市場買取で行っています）。

出来るだけ自分たちで販売先に直接売込んでいく事にしましたが、必ず他産地との比較が商談での課題となります。気象条件や輸送コストにおいて不利な北陸では勝てる訳がありません（やはり、ここに買いに来てくれるだけの産地化が必要です）。

産地化とは他産地との違いを明確にすることなのですが、やはり年間を通じて出荷できる体制をいかに早急に構築するかに尽きるのです。

当初は、段播きによる定植方法や品種による収穫時期の選定など試行錯誤しながら進めて来ましたが、今では、秋冬キャベツは10月から4月まで、越冬キャベツで5月中旬から6月中旬まで、春定植の初夏穫りで6月中旬から7月中旬までと、基本的に8月と9月以外は年間を通じて出荷で出来るようになりましたが、まだ端境期における単収の確保がいまいちです。今後は、地域に合った適期定植、適期収穫を確立し、単収の向上を図っていきたいと考えています。

加工・業務用キャベツの実績

	H24	H25	H26	H27	H28	H29	H30	R1	R2	R3	R4	備考
単収(t)	2.9	2.2	2.0	3.2	2.0	2.4	1.8	2.5	2.3	3.0	3.0	
加工・業務用(t)	37	162	287	720	582	789	530	737	765	928	1,079	
水田園芸(t)				95	139	159	77	127	108	55	18	
出荷数量(t)	37	162	287	815	721	948	607	864	873	983	1,097	

事業外面積(ha)	1.3	7.3	14.2	6.4	7.3	10.9	4.2	5.6	24.9	28.6	33.5	
強化事業分(ha)				16.0	24.5	24.5	24.5	24.5	8.5	－	－	
加工・業務合計	1.3	7.3	14.2	22.4	31.8	35.4	28.7	30.1	33.4	28.6	33.5	
生産者数(戸)	4	3	9	7	8	9	11	12	12	11	11	
水田園芸(ha)				2.8	4.6	4.4	5.0	4.5	5.3	3.8	3.5	
生産者数(戸)				8	8	8	9	10	16	14	12	
面積合計	1.3	7.3	14.2	25.2	36.4	39.8	33.7	34.6	38.7	32.4	37.0	

キャベツ取り組みの推移（H24～R4）

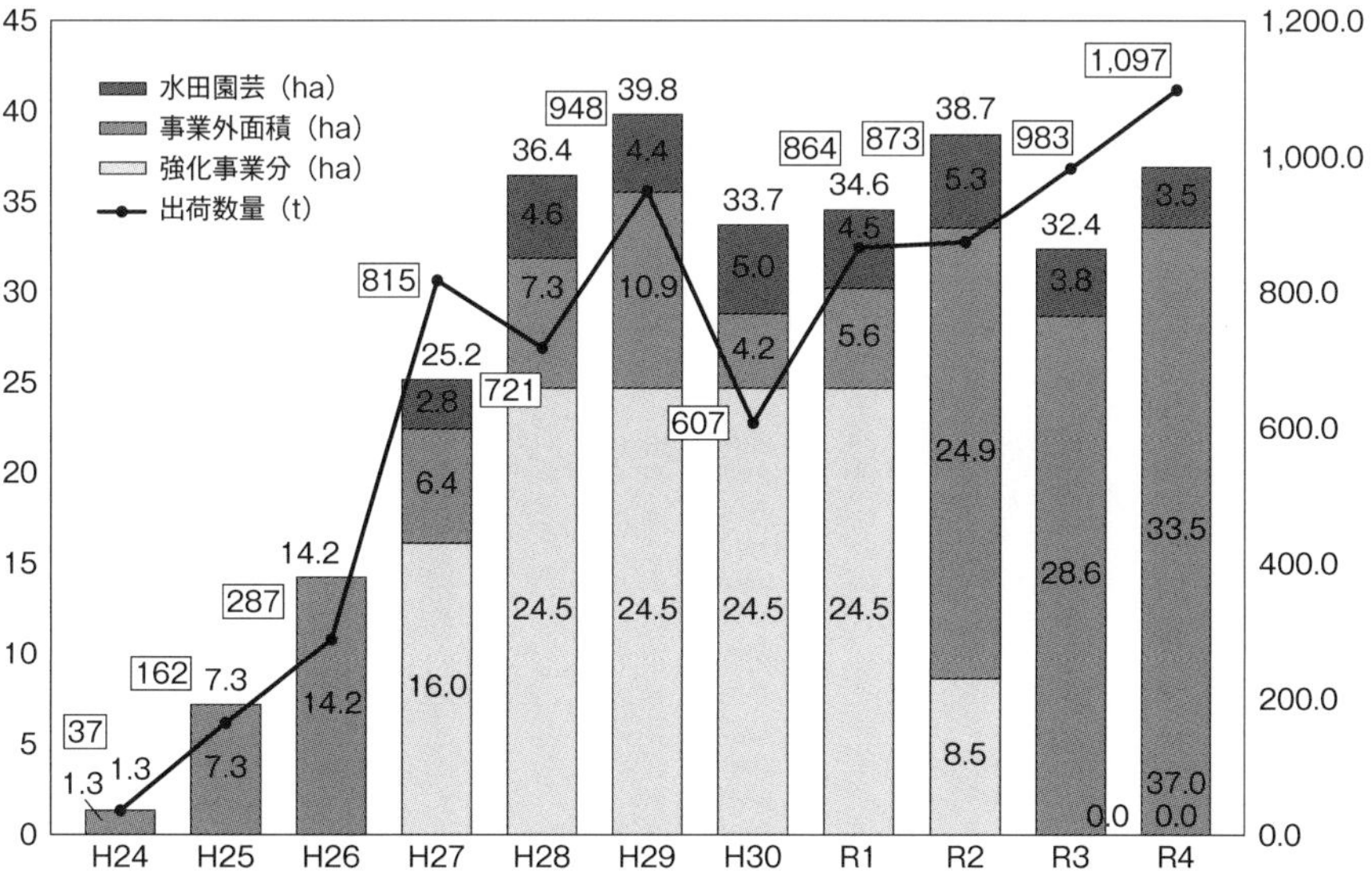

5　加工・業務用だいこんの取り組み

土地利用型作物で、管理に一番手の掛からないのが「だいこん」なのです。おかげで、だいこんは全国的に作られていて、代表的なところでは千葉県が有名ですが、北は青森から南は九州の各地で作られ需要が多い作物です。その様なことから端境期以外は、なかなか売り先の少ない作物です（全国的に安値で取引されています）。

一方、需要が多い分用途も広く、それに合わせた出荷サイズが、色々と求められる作物でもあります。

用途は、漬物からおでんの具、だいこんおろし、刺身のつままで様々で、用途に応じた規格は、L～3Lサイズまであるのですが、収穫時期を誤るとすぐに3LサイズやLサイズになってしまいます（主に、2Lサイズが好まれます）。求められる期間の11月から2月にかけて安定供給できるよう、当地区では在圃性の良い品種と段播きにより出荷調整を行っています。

最近では、株間間隔によるサイズ調整方法も検討していますが、なかなか難しいものです。

荷姿は、葉っぱえを付けない切りで出荷されますが、近年、葉っぱだけを求める業者もあります。

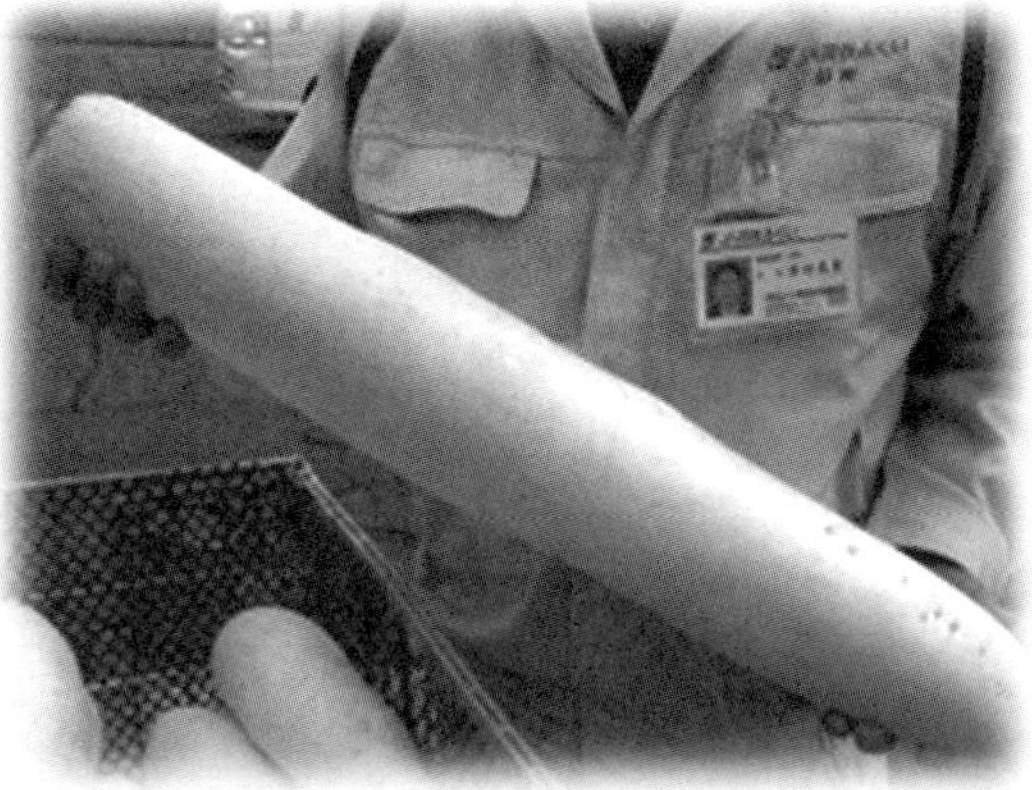

加工・業務用だいこんの実績

項　　目	H27	H28	H29	H30	R1	R2	R3	R4	備考
面　　積(ha)	4.2	4.2	5.2	10.6	9.5	7.3	5.9	6.3	折線グラフ
出 荷 量(t)	219.0	282.0	353.0	444.3	433.2	344.0	344.1	258.5	棒グラフ
単収(t/10/a)	5.2	6.7	6.8	4.2	4.6	4.7	5.9	4.1	折線グラフ
販売金額(千円)	9,130	14,369	18,164	22,858	20,932	15,473	14,825	13,898	
生産者数(戸)	6	9	10	13	10	9	9	8	

業務用だいこんの実績

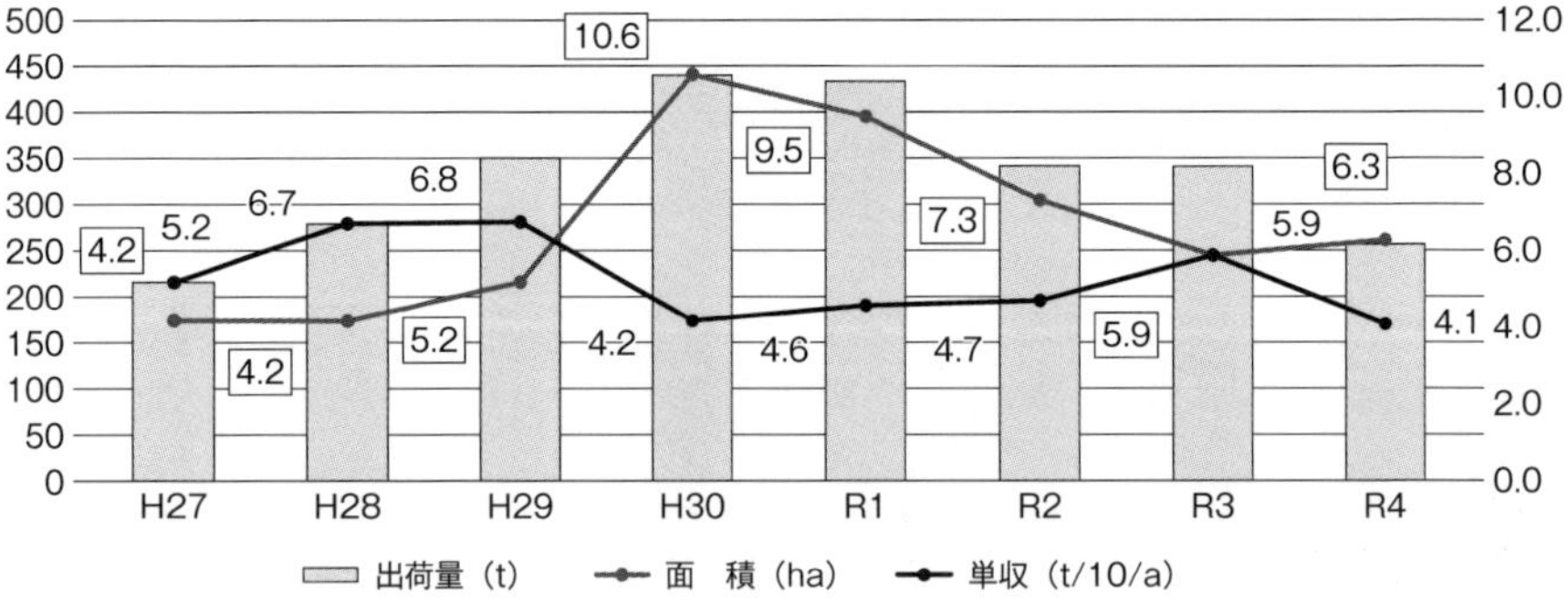

６　加工・業務用たまねぎの取り組み

先の加工・業務用野菜と違い「たまねぎ」の取り組みは、水田地帯の歯止めのかからない転作に対応したものであり、担い手のところでも述べた儲かる農業の取り組みの一環です。

当地の転作作物は大麦と大豆が主体で、大豆に代わるものとしてはソバの作付けが挙げられます（福井県の「越前そば（おろしそば）」は日本一です。沖縄や北海道のソバの栽培は福井から伝わったものです）。

問題は、転作面積の拡大に伴う大麦の拡大です。大麦の用途は、麦茶や麦飯が挙げられますが、需要と供給のバランスが大幅に崩れています。ＪＡとしても、大麦に替わる代替作物を模索していた時で、平成22年からお隣の富山県となみ野農協で進められた「たまねぎ」に注目したのです。「となみ野」の取り組みは、大規模な乾燥調製施設で青果出しの販売が主な物です（北陸のたまねぎの出荷時期は、全国的にみて端境期で、となみ野の取り組みはそこを狙ってきたものです）。

「たまねぎ」と言っても、私どもＪＡでいまさら、大規模な乾燥施設持ちを二番煎じで取り組んだとして上手く行く訳がありありません。

乾燥する前の出荷は、「青切り出荷」です。

まずは、青切りで出荷出来る所をリサーチしたのです。出荷荷姿も鉄コン出荷の形です。幸いにも、キャベツで付き合いのある業者から声が掛かり、まずは試験的に始める事にしました。

最初、二軒の農家が手を挙げてくれました（無理やり頼んだところもあります）。

一軒の農家に最低五反、翌年からＪＡが機械を貸し出す条件です（１年目は、農機メーカーからの好意で借りることで）。

なぜ、「たまねぎ」か、という声もありましたが、栽培する農家が水田農家で機械化による作業しか対応できない事、また、麦に替わる代替作物であり、作付け時期や収穫期が麦に似ていたからです。そして、極めつけは、麦よりは収益性がいい事です。

麦やたまねぎの精算は8月頃で、麦は清算後にＪＡのカントリー利用料が即引き落とされ余り手元に金が残りません。そこにいくとたまねぎは、ＪＡからの引き落としが鉄コンの使用料ぐらいで大半が残ることになります。ちょうどそのころ、ＪＡからは春に作付けた水稲や大豆の肥料と資材の請求がきます（水稲農家では、米の出荷が終わる秋晩にしか入金がありません）。たまねぎの入金は、営農組織として渡りに船です（経営はキャッシュフローです）。おかげで、たまねぎ生産の趣旨を理解した組織が後に続いています（県の後押しもありですかね）。

また、たまねぎは機械化一貫体系で行える作物ですが、一方ではスケールメリットを活かした取り組みが求められる作物でもあります。メリットを活かすためには、今まで以上に機械の設備投資も求められます（いつまでも、ＪＡの貸出機械を当てにされても困ります）。

葉切り機、デガー（根切り・掘取り）、オニオンハーベスター（収穫機）等の整備は、やはり補助金を活用する必要がでてきます。水田園芸の振興では国、県を挙げ高収益作物を支援と推進を行っています（今が、チャンスです）。

一方、部会の取り組みは、栽培マニュアルや出荷品質の統一です。特に、除草対策とコストの軽減です。除草対策は早期の除草剤の散布です（それに尽きます。最後の頼りは、「テデトール」しかありませんよ)。除草対策は最後まで収量に影響します(キャベツも同じことが言えます)。コストの軽減は、初期の基肥の削減です（追肥で追っていける作物の様です。まだ、試験中ですが)。

加工・業務用たまねぎの実績

項　　目	H27	H28	H29	H30	R1	R2	R3	R4	備　考
面　　積(ha)	1.0	4.4	4.4	4.5	6.1	10.1	12.9	13.2	
出 荷 量(t)	31.2	106.9	193.6	41.3	329.4	408.6	596.2	578.4	生産数量
単収(t/10/a)	3.1	2.4	4.4	0.9	5.4	4.0	4.6	4.4	
販売金額(千円)	1,770	6,489	9,367	1,910	17,043	19,820	24,097	42,094	
生産者数(戸)	2	9	15	10	8	8	9	7	

玉ねぎの生産実績

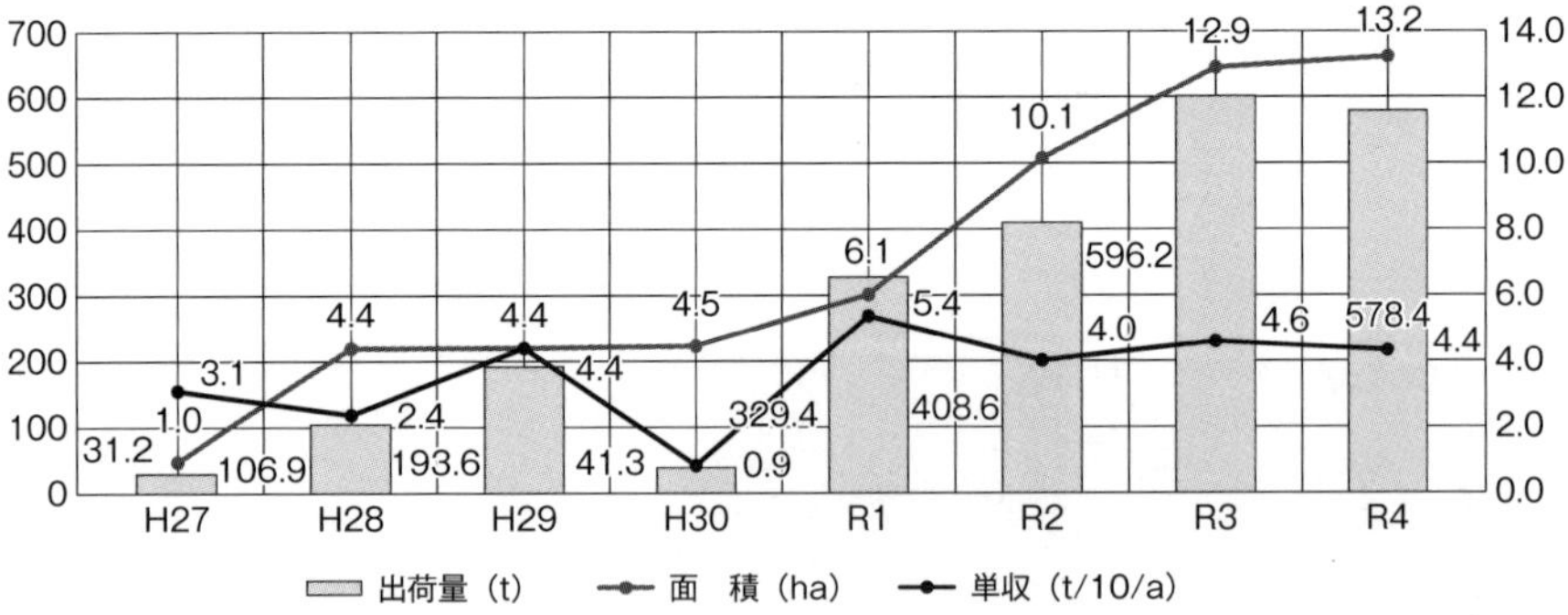

7　生産部会の在り方と地域農業への関わり

以上の様に進めてきた「加工・業務用野菜の取り組み」や、「畑作農業の振興」を顧《かえり》みながら、生産部会としての「加工・業務用野菜部会（あぶら菜会）」の在り方と地域の関わりをどの様に絡めて行くのか、農企業の誘致が、地域ブランドや産地化などの地域起こしとどの様に繋がるのかを検証しようと思います。

企業経営の存続は、儲かる事です。そこで考えたのが次世代農業の確立であり「儲かる農業」、「計算できる農業」なのです。まさに、農業経営学（マネジメント・サイエンス）の実践と確立です。

契約栽培での農業経営や参入企業に求められるものは、経営者の感覚を大切にして安定した収益を確保することにあるのです（企業的発想）。意外と、他県から参入した企業には私どもが経験した事もない考えや発想があるのです（そこが狙いです）。

栽培方法について、郷に入っては郷に従えのところもありますが、自分達が取り組んできた経験値を基に修正しながらファジーな栽培マニュアルを作成することも重要なことです（これも、企業が参入した部会だからこそ出来る技だと思います）。

また、部会運営についても、他の部会（ＪＡには、色々な生産部会があります）にない結束があります。それは、部会員が主体となって運営する姿勢です。ＪＡが求める考え方でなく、生産性と継続性、そして部会の自主運営と独自性の追求です。ＪＡ部会の改革とイノベーションのための組織づくりです。

この様に、顧客ニーズと生産者の自覚が、今後の取り組みを位置づけ、地域農業をリードしていくものだと思います。あくまでも、ＪＡは組織運営の手助け、顧問的立場で見守るのがいいと思う次第です。

ちなみに、再び私の経歴になりますが、令和3年1月で70歳を迎え同年3月付でＪＡを退職、その後は、シルバー人材センターを通じてＪＡの派遣職員（アルバイト）として勤務中でありますが、部会からの要請もあり、今は「加工・業務用野菜部会」の顧問として従事している身分です（週３日の勤務です）。

第5章　むすび——人・農地プランの実質化から地域計画の策定に向けて

1　人・農地プランの実質化

さて、最後になりますが、私は、あわら市の農業委員会会長（7代目）を、令和1年7月～令和4年6月までの一期、3年間務めていました。この間、コロナ禍の影響もあって十分な活動が出来なかったことは残念に思っています。令和5年度から、改正農業経営基盤強化促進法が施行され、人・農地プランの法定化による「地域計画（目標地図）」の策定（令和7年度末まで）がスタートしています。各地域の今後の農業の方向付けのための重要な取り組みであり、農業者、行政関係機関、団体が一体となって対応しなければなりません。

そこで、少し「人・農地プラン」についてお話したいと思います。

あわら市の農業は、水田地帯（南部の平地、東部の中山間地）と北部丘陵地の畑作地帯に大別することが出来ます。

南部や東部の水田地帯では、集落営農や中核農家に農地が集積・集約され、81集落のうち66集落がプランを達成しており、未達成の集落も家族経営体（第二種兼業農家）によって農地の維持が図られています。この様な家族経営体も地域の担い手です。農地集積や担い手の確保だけで地域が守られるはずがないのです。地域全体のコミュニティあっての集落だと思います。今後も、中核的農家のいない集落では、出来るだけ家族経営体が末永く農業を継続できる環境づくりを、農業委員会として支援していくべきです。

一方、手作業が大半を占める畑作農業の地帯では、高齢化、担い手の不足から離農や耕作放棄地の拡大が進み、新たな担い手の確保や農地の斡旋など、広域的な地域農業の支援体制が必要です。「市農業委員会」と「丘陵地農業支援センター」、さらに里親（新規就農者育成支援農家）が一体となった広域的な取り組みを行うべきで、プランづくりと広域的な視点での農地利用と担い手の確保を一体的に進めることが重要です。さらには、農企業の参入を視野に入れた誘致活動も必要でしょう。

何はともあれ、人・農地プランは地域に合った取り組みが必要で、全てをオールジャパンで括る必要はありません。多様な農業人材（家族経営体を含め）が集落内で末永く農業ができる環境づくりが重要です。一方で、集落にこだわらない広域的な農業の振興も大事な事だと思います。

2　地域計画（目標地図）策定の課題

「人・農地プランの実質化」の取り組みにより、各集落を回り色々な話に立ち会う事で見えてくる課題は、みな似たり寄ったりです。

その一つは、「誰かに農地を預けたい」、「農業を辞めたい」など、農業から足を洗う話が大半です。そして、「その管理や負担は担い手に託したい」、当然、「集落の共同活動にも参加したくない」など身勝手な言い分ですが、高齢化する現状や、跡取りがいない（戻って来ない）状況では仕方ない面もあります。

「地域計画（目標地図）」の策定では、将来の地域農業と農地利用の在り方を決めていかなければなりません。地域の農地をどの様な形で維持していくのか、話し合いにより合意形成を図りながら、計画に位置付けていく必要があります。

そこで求められるのは、担い手に託す地権者の意識改革（向かい入れる気持ち）が挙げられます。農業施設（農道、用排水路、法面）の管理は集落全体でのルール化が重要で、多面的機能支払交付金事業を活用した運用方法など、担い手に託すとしても一定のルールを定める必要があります。

ちなみに、当市では、担い手に農地を託すための土地改良事業（圃場の再整備整備）を行った集落や、検討中の集落があります（託す地権者だけで行う事業です）。まさに、向かい入れる気持ち、地権者の意識改革です。

もうひとつの課題は、組織の担い手や後継者の確保です。集落営農組織や担い手への集積がされた集落にあっても、組織や担い手が継続して農業を続けて行くためには、後継者の確保が不可欠です。高齢化した現状を眺めた時、その課題は、必ずしも農業に限ったことでなく、中小企業も同じことなのです。そこの担い手は、労働力の確保でなく経営を承継（商工会では、承継といっています）してくれる後継者（次期経営者）です。農業も同じことなのです。経営を継承する経営者としての担い手が必要で、必ずしも労働力の確保ではないのです。

いずれにしても、地域の担い手、組織の後継者を求めるに必要なことは、互いをリスペクトする姿勢ではないでしょうか。単に、地域計画（目標地図）で、農業を担う者を定めるだけでなく、いかに、彼らと共に、地域や集落の将来構想を描いていくのか、地域の全体の共通認識としたうえで実践していくことが大事だと思います。地域計画の策定・実践に向けた取り組みとはそう在りたいものです。

３　担い手の確保と支援対策

最後になりますが、農業の分野だけでなく中小企業も含めて、人手不足は変わらない課題です。

特に、農業では地域の働き手が他産業に流れている現状からみても、農業で働くことの意義と魅力が欠落している事が明白です。これからの地域農業の計画は、農業で働く意義と魅力を前面に押し出して発信し、若者を呼び込んでいく姿勢が必要です。

農地を守るだけでなく、儲かる農業を地域一体となって実践し、農業を営む意義、魅力づくりをアピールすることが大事なことだと思います。

中小企業も頑張っています。商工会を中心に各社の魅力を発信し、担い手の確保にも相談窓口を開催して第三者承継（初めから経営者を求めています）を押し進めています。

農業においても、農業をやってみませんかなんて生ぬるいことを言っているようでは、良い人材は集まりません。農業・農村の現状を明らかにしたうえで、将来の地域農業の在り方、期待される役割や魅力を訴えることで有為な人材の確保につなげていく必要があります。

農業会議や農業委員会が中心となったコーディネートチームの創設や新・農業人フェア等を活用し情報の収集を図ることも大事だと思います（全国には、農業をやりたい若者がまだまだいます）。皆で、情報を共有し頑張ることです。

最後になりましたが、これらの取り組みは、農村秩序の維持を前提としたもので、必ずしも、「集落営農を第三者に託し、集落の皆さんが楽をすること」を、お勧めするものではありません。特に、前著でも述べましたが、農村集落の維持は、「農業から足を洗わせないこと」だと思っています。

第三者に継承した後も、担い手と共に集落を守るため農村集落の秩序維持と、新たな地域コミュニティの構築を強く求めるものです。

これまでに述べてきた事は、前著からの延長線上で書かせてもらったものです。集落営農を進めて来たことが必ずしも間違いでなかったこと、担い手の課題もありますが、考えようではまだまだ伸びしろがあるものと考えています。さらに、そこから儲かる農業へのシフトや、次世代農業への取り組みなどを参考にして頑張ってもらえるものと思っています。また、水田農業のみならず畑作農業も含めた担い手の確保は重要な案件です。「人・農地プランの実質化」についても変化球を交えながら取り組んで行ってもらいたいものです。

■著者紹介

坪田　清孝（つぼた・きよたか）

（株）グリーンファーム角屋　取締役会長
1951年福井県芦原町（現あわら市）生まれ。69年、農林省北陸農政局に入省。以後、農林省東海農政局と北陸農政局を経て、87年より芦原町に勤務し、経済産業部農林水産課長、経済産業部長を歴任。

2010年あわら市を退職後、坂井北部丘陵地営農推進協議会事務局長、あわら市農業員会会長、ＪＡ花咲ふくい専門員等を務める。

2019年（株）グリーンファーム角屋を設立し、代表取締役に就任。2023年より現職。

著書に『農村集落再生のみちすじ』（全国農業会議所）

全国農業図書ブックレット23
農村集落再生のみちすじ　第２弾
集落営農の担い手確保と第三者継承

令和５年11月　発行　　定価：本体800円＋消費税　送料別

著者：坪田 清孝
発行：一般社団法人 全国農業会議所

〒102-0084 東京都千代田区二番町９－８
（中央労働基準協会ビル２階）
電話　03－6910－1131
全国農業図書コード　R05－39